LAIZI
ZHONGGUOHAIZIDE
1001 WEN

身边科学

总 主 编 ◎ 余俊雄
分册主编 ◎ 沈宁华
编　　著 ◎ 沈宁华　刘仁庆　焦国力

中国少年儿童新闻出版总社
中国少年儿童出版社
北 京

图书在版编目（CIP）数据

身边科学 / 沈宁华主编；沈宁华，刘仁庆，焦国力编著. —北京：中国少年儿童出版社，2015.1（2019.7 重印）
（来自中国孩子的 1001 问 / 余俊雄总主编）
ISBN 978-7-5148-2098-0

Ⅰ.①身… Ⅱ.①沈… ②刘… ③焦… Ⅲ.①生活－知识－少儿读物 Ⅳ.①TS976.3-49

中国版本图书馆 CIP 数据核字(2014)第 294179 号

SHENBIAN KEXUE
（来自中国孩子的 1001 问）

出版发行：中国少年儿童新闻出版总社 中国少年儿童出版社
出版人：孙 柱
执行出版人：郝向宏

内文插图：金色百闰　　封面设计：缪 惟 刘加强
责任编辑：何强伟
责任校对：李新荣　　责任印务：厉 静

社址：北京市朝阳区建国门外大街丙 12 号　　邮政编码：100022
总编室：010-57526070　　传真：010-57526075
发行部：010-57526568
网址：www. ccppg. com. cn
电子邮箱：zbs@ccppg. com. cn

印刷：北京缤索印刷有限公司

开本：720mm × 1010mm　1/16　　印张：8
2015 年 1 月第 1 版　　2019 年 7 月北京第 3 次印刷
字数：100 千字　　印数：14001－17000 册

ISBN 978-7-5148-2098-0　　定价：20.00元

编者的话

《来自中国孩子的1001问》是专门解答孩子提出的稀奇古怪问题的科普图书。书中问题是从网上和其他渠道向全国少年儿童征集，从几万个问题中筛选出来的。所有问题通过专家筛选后，分门别类，请相关的科学家、科普作家作答，既有针对性，又有权威性。

孩子们提出的问题，往往是灵光一闪，思路并不清晰，但却包含着探究的热情和创造力的种子。所以，本书的第一宗旨，不在于解答多少个“为什么”，而是鼓励孩子发现问题、提出问题，启发他们提出好问题。为此，我们把提出问题的孩子的姓名和学校列出，算是对孩子的一种褒奖。专家还给每一个问题划分了星级，五颗星就代表这个问题问得有水平，也最有代表性。四颗星、三颗星依此类推。

除此之外，为了引导孩子打开眼界，举一反三，文章末尾还设有小小观测窗、开心词典等小链接。这种新颖的、富有时代特色的互动形式，也是为了激发孩子的兴趣，拓宽他们的思路。

希望孩子们能喜欢上这套书。

目录

目录

目录

目录

目录

为什么粉笔可以在黑板上写字？

天津市北环路小学孙丽萍同学问：

老师讲课时，会用粉笔在黑板上写字，我想知道为什么粉笔能在黑板上写字？

问题关注指数：★★

普通的粉笔，约有两寸长，一头粗，一头细，呈圆柱形，很硬很脆。这种“笔”的主要成分是硫酸钙，或者碳酸钙。硫酸钙俗称石膏，碳酸钙又称石灰石，这两种化合物的性质稳定，不容易被分解。

当用白色粉笔在黑板上写字时，与板面发生摩擦，白色粉笔灰留下，粘附在黑板上。粉笔灰连接成一条条白线，这样就成了一个一个的白色粉笔字。白色粉笔字在黑板上“黑白分明”，十分显眼。用的力气越大，粉笔字就越清楚。因为粉笔灰与黑板之间只是一种物理性的粘附，所以用黑板擦就能够把粉笔字擦掉。

现在，常用的粉笔有普通粉笔、无尘粉笔和彩色粉笔等。普通粉笔，在写字之后，散落的粉笔灰较多。人吸进气管会造成鼻、咽、喉等处不适，长期吸入可能患肺病。无尘粉笔是普通粉笔的改进产品，它是在普通粉笔中加入油脂类或聚醇类物质，可以减少或消除粉笔灰的飞飘和污染。在制作粉笔时，也可以加入各种颜料（红色、黄色、蓝色等）做成彩色粉笔。

不用粉笔的“黑板”

现在，多媒体教学已经成为许多学校教学的主要方式。老师教学不再需要板书，一台电脑、一张幕布，就能上课，再也不用黑板，也不用粉笔写字啦。

写毛笔字用什么样的毛笔好？

重庆市蟠龙小学王汇嘉同学问：

我们每周都有一堂毛笔课，请问什么毛做的毛笔好？

问题关注指数：★★

毛笔是中国的传统书写工具，被列为文房四宝之一。相传毛笔最早出现于秦朝，是用动物的毛扎成笔头，再粘结在管状的笔杆上。毛笔的毛最早用的是兔毛，后来也用羊、鼬（黄鼠狼）、狼、鸡、鼠等动物的毛。

毛笔根据笔头选用的原料不同，可分为羊毫、狼毫和紫毫等。也有一些毛笔是由几种兽毛制成的，称为兼毫，比如紫羊毫就是用山兔毛和羊毛制成的，紫狼毫是用山兔毛和黄鼠狼毛制成的。对于刚刚练习写毛笔字的小学生来说，兼毫是比较适合的。

毛笔的大小也有不同。根据常用尺寸可以简单地把毛笔分成小楷笔、中楷笔和大楷笔。初学者写大字可选用大楷笔，写小字可选用小楷笔。

毛笔使用方法

初次使用毛笔时，要把笔头浸在温水内“脱胶”。然后，用清水涮洗，让笔毛分开，挤净水。再放入墨汁中浸泡一会儿，让笔头吸足墨再用。特别是大笔，浸泡时间更要长一些。使用完毕后，立即用清水把笔头内的墨冲洗干净。再用手轻轻地把笔毛捋直，挂起晾干，以备再用。刚洗过的湿笔，不宜马上插入笔筒内，以免造成笔头根部霉烂、脱毛。

圆珠笔写的字为什么很难擦掉？

湖北省武汉市光明小学薛小虎同学问：

铅笔写的字很容易擦掉，为什么圆珠笔写的字却很难擦掉？

问题关注指数：★★

要回答这个问题，让我们先从圆珠笔发明的故事说起。

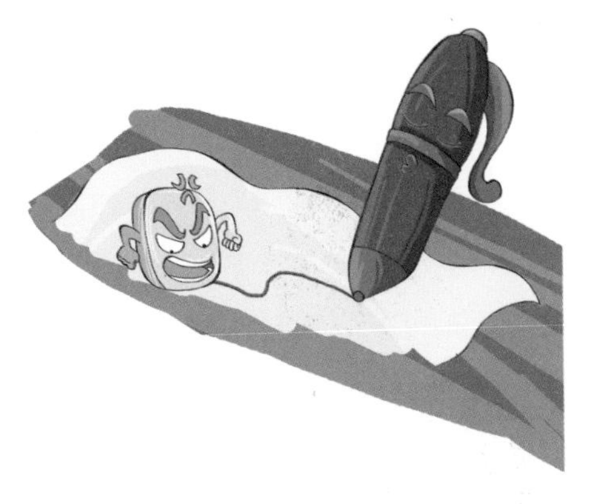

最早的圆珠笔出现在20世纪40年代。当时，在匈牙利的一家印刷厂，有一位名叫比洛的校对员，他觉得使用自来水笔（旧称钢笔）很不方便，于是受到印刷技术的启发，发明了一种新型笔。印刷时，油墨是靠机器的滚动印在纸上的，比洛利用这个道理，就在自来水笔的笔杆里装满油墨，又在笔尖上安装了一颗小钢珠。随着小钢珠的滚动，便把油墨带出来留在纸上了。这就是世界上最早的圆珠笔。后来，人们又多次对圆珠笔进行技术改进，这才有了现在我们经常用到的这种结构简单、携带方便、书写流畅且适宜用来复写的圆珠笔。

圆珠笔中的油墨与普通墨水不同，圆珠笔的油墨是特制的，主要以色料、溶剂和调黏剂混合而成，很像浓稠的糖浆，不含水。油墨颜色主要有蓝、红、黑三种，其中尤以蓝色油墨使用最多。用圆珠笔写字的笔迹是液体油墨，它不是粘附在纸面上，而是浸入纸的纤维之间，使纸染上了较深的颜色。所以，在这种情形下，对于圆珠笔的字迹，橡皮擦当然是无能为力了。

如何爱护圆珠笔

使用圆珠笔时，不要在有油、有蜡的纸上写字，以免油、蜡嵌入笔尖影响出油而写不出字来，不用时随手套好笔帽，以防止碰坏笔头和笔芯漏油而污染衣物，并把它平放在文具盒里，或笔头朝下插在笔筒里。如遇天冷或久置未用，笔不出油时，可将笔头放入温水中浸泡片刻后再在纸上划动笔尖，即可写出字来。

荧光笔画过为什么会有光感？

上海市黄浦区第一中心小学赵明国同学问：

为什么荧光笔画出的线条会显得那么亮啊？好像有光似的。

问题关注指数：★★★

荧光笔是做记号时使用的笔。它是用较粗、较淡的颜色油墨覆盖关键部位来标出记号的，在书或笔记本上做了记号之后，会使标注的文字一目了然。荧光笔画出的线条那么显眼是因为在彩色油墨中加了荧光剂的缘故，荧光剂遇到紫外线（太阳光、日光灯、水银灯）照射时会吸收光能产生荧光效应。

荧光呈现出不同颜色的可见光是由于激发光源的波长不同。可区分为短波紫外线激发荧光颜料和长波紫外线激发荧光颜料。所以，荧光笔发出的光的颜色与被激发的光的波长有直接的关系。

简单地说，荧光笔其实就是在油墨里加入了可以吸收光线来发光的特殊物质——荧光剂，所以它本质上用的还是油墨。有些荧光物质是有毒的，长期使用对身体有害。因此，少年儿童要尽量少用荧光笔。

光的波长

紫外光是一种人眼看不见的光，它有杀菌作用，波长较短，能量高。红、橙、黄、绿、蓝等可见光波长在390纳米~770纳米范围，波长较长能量较低。一纳米等于千分之一微米，一微米等于千分之一毫米。一纳米相当于头发丝的十万分之一。

橡皮为什么能擦掉铅笔写的字？

北京市育翔小学孙倩同学问：

钢笔写的字很难用橡皮擦掉，但铅笔写的字却很容易擦掉，这是为什么？

问题关注指数：★★

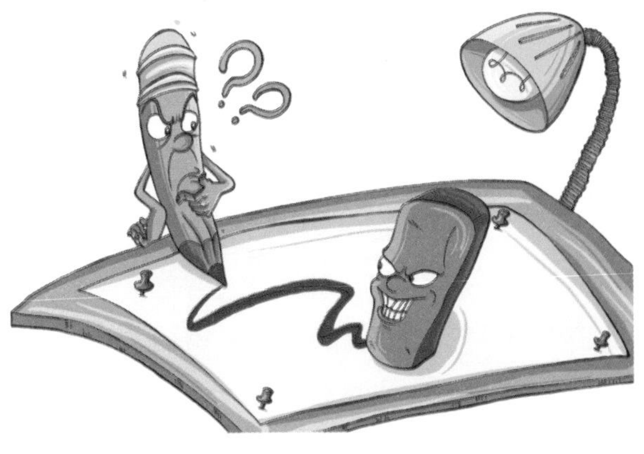

小学老师一般都会要求低年级的学生用铅笔写字，一个很重要的原因是，刚学习写字的小学生很容易写错字或写字不工整，用铅笔的话，可以比较容易地将写错的字或没写好的字用橡皮擦掉，进行修改，这样才能保持作业本的干净整洁。

用铅笔写字时，笔尖在纸上移动，铅笔笔芯的粉末就被纸的纤维刮了下来，粘附在纸的表面。当橡皮擦铅笔字的时候，从橡皮上掉下来的碎屑能把铅笔芯的粉末擦下来包裹在橡皮的碎屑里。这样，掸去橡皮碎屑，字迹就除掉了。

用钢笔写的字，因为墨水已经渗到纸的纤维里面去了，所以普通橡皮就很难擦掉了。

开心小辞典

铅笔芯其实不是铅做的

铅笔最早出现在16世纪，当时，一个英国的牧羊人发现了一种黑色的石头，能在羊的身上画出黑道道。人们给这种黑色的石头取名“打印石”，其实，它是天然石墨。

后来，英国与法国发生战争，英国不卖给法国打印石。法国皇帝便让科学家孔德想办法。孔德在法国找到了石墨矿，他在石墨中掺入了一些黏土，放在炉子上烧。烧出来的东西呈黑灰色，和铅很像，便取名“铅石”。再后来，这种铅石被人们用做了铅笔芯。

橡皮用久了为什么会发硬？

江苏省南京市长江路小学欧阳中华同学问：

买回的橡皮刚开始时很软，为什么时间久了会变得很硬？

问题关注指数：★★

橡皮一般是用橡胶做成的。橡胶具有许多优越的性能，其中，很重要的一个性能就是有弹性。橡胶之所以弹性很好，是因为在加工过程中加入了硫（原子），并产生硫化作用。于是，橡胶大分子便形成了一种网状的立体结构，从而具有弹性。不过，橡胶又有一个很大的缺点，就是在太阳光、氧气和高温的影响下，它会慢慢地发生“老化”。

所谓老化，是指橡胶制品受内外因素的综合作用，引起橡胶物理化学性质和机械性能的逐步变化，最后导致弹性消失。换句话说，就是橡皮变成了硬块。

橡皮发硬了，可以把它泡在汽油或煤油里，经过两三天之后它就会变软。因为汽油或煤油都是有机溶剂，它们进入到橡胶组织中，会使橡胶大分子一个个变得活泼起来，彼此之间又互相“手牵手”起来，有了弹性。于是，橡皮又变软了。

橡胶、塑料的老化

橡胶、塑料都是高分子材料，它们暴露于自然或人工环境条件下，性能会随时间的延长而发生变化，以致最后丧失使用价值，这一过程被称为老化。

老化是一种不可逆的变化，它是高分子材料的通病。但是人们可以通过对高分子老化过程的研究，采取适当的防老化措施，提高材料耐老化的性能，延缓老化的速率，以达到延长使用寿命的目的。

书是怎么来的？

湖南省长沙市大塘小学刘静一同学问：

我很爱看书，很想知道书到底是怎么来的？

问题关注指数：★★★

很久很久以前，世界上没有文字，没有笔，没有纸，也没有书。我们的祖先用在木板上刻道道或者用绳子打结的办法来记事。后来，人类创造了象形文字，把文字刻画在乌龟壳和牛骨头上边，就是甲骨文，这些写了字的乌龟壳和牛骨头，可以说是书籍的雏形。到了春秋战国时期，人们又把文字刻写在竹简和绸子上，于是便有了中国最早的书——竹简书和帛书。

在中国，真正意义上的书是东汉蔡伦发明了造纸术之后才出现的，但在印刷术发明以前，古书的流传完全是靠手抄写的。隋唐时，发明了雕版印刷术之后，书才广泛流行开来。宋代毕昇发明了活字印刷术，从此印书就更方便了。

欧洲人的书，最开始是用鹅毛管蘸墨水把字写在羊皮上，然后把一张张羊皮钉在方形的木板上，最后在书的前边再钉上一块同样大小的木板，这种书厚得就像一块大砖头。据说，这就是精装书的起源。

现在，书的形式很多，有线装书、平装书、精装书、活页书……还有盲文书等。除了纸质图书，还有电子书、视听图书等。

探索飞船

毕昇的活字印刷术

用胶泥做成一个个规格一致的毛坯，在一面刻上反体单字，字的笔画突出，用火烧硬，做成单个的胶泥活字。为便于拣字，把胶泥活字按韵分类放好并贴上标志。要用的时候，把需要的胶泥字拣出来排进框内。排满一框就成一版，再加入用松脂、蜡和纸灰制成的药剂，用火烤化，拿一块平板把字面压平。药剂冷却凝固后，就成为印刷用的版。印刷时，只要在板上刷上墨，覆上纸，加力压就行了。印完后，用火将药剂烤化，将胶泥字放回，下次就可以再用了。

造纸一定要用树木吗？

河北省石家庄市外国语小学樊家慧同学问：

我看了一个广告，说保护森林要从节约用纸开始。我想问一下，造纸一定要用树木吗？

问题关注指数：★★★

树木只是造纸的原料之一。在我国古代，人们通常是采取麻类、树皮和竹子等来手工造纸。到了18世纪末期，欧洲的机械造纸兴起后，才改用木材造纸。后来人们又用其他原料造纸。所以，现代造纸工业所用的原料可分为两大类：第一类是植物纤维；第二类是非植物纤维。前者包括有木材、竹子、芦苇、草类等。后者包括有玻璃丝、碳素纤维、尼龙纤维、金属丝等。植物纤维原料主要用来生产普通纸；非植物纤维原料多用于制造特种纸。同时，为了满足纸张不同的使用要求，在造纸过程中还要向纸浆中添加一些辅料。所谓辅料，指的是填料、胶料、色料和其他化学助剂等。这样便能提高纸的质量。

在我国，一般用于书写、印刷、包装的普通纸，是以植物纤维为主要原料制成的，约占总产量的95%。其他的纸张则为5%。由于树木纤维的品质比较好，用它造的纸质量一般都比较高，所以木材的使用量所占的比重很大。如果我们节约用纸，就减少了木材的消耗量，这样说来，保护森林要从节约用纸开始是有一定道理的。

探索飞船

造纸的全过程

一般来说，造纸的过程包括把原料经过化学处理变成纸浆，再将纸浆进行打浆、调料后送往造纸机进行加工。实际上，造纸的整个生产流程还包括切片、加药、蒸煮，直到纸浆洗涤、筛选、漂白、打浆，再到上网、压榨、干燥、卷取的全过程。

为什么湿纸干了后会起皱？

辽宁省沈阳市文化路小学赵刚强同学问：

湿纸干了后会变得皱皱巴巴，这是为什么？

问题关注指数：★★★★

普通的纸都是用植物纤维再加入填料、胶料等加工制作而成的。一般情况下，纸张内所含有的水分与周围空气中的相对湿度保持平衡，纸是干燥平展的。如果有水掉落在纸上，把纸打湿了，会打破这种平衡，必然会引起局部的变化，使纸变皱了。为什么会有这样的变化呢？

原来，当水与纸面接触后，沾水的部位的纤维发生物理变化，隆起和翘起。这个现象是纤维形态的一种不可逆的转变。水分子继续向纸页内渗透，又会使纤维网络组织发生局部变形，导致纤维内部和纤维之间出现应力释放。这种变形也是不可逆的。当湿纸页的水分蒸发变干燥以后，原来发生“位移”的纤维也丧失了被破坏后再连接的可能性。于是，被水润湿过再干燥的纸面，就出现了不可能去掉的皱纹。

有没有法子让被水打湿了的纸干后不起皱呢？只有一个办法可以减轻这个现象，就是当纸张被水打湿后，马上用吸水纸或（质量较好、表面平整的）卫生纸，分别贴附在湿纸的两面，再用重物压紧。经过一天多的时间，等纸干了就不会见到太明显的皱纹了。

植物纤维

植物体内具有细而长、两头尖呈纺锤状的“死细胞”，被称为植物纤维。它们以水为媒介交织而成网状的薄片形物，这就是纸。由于纤维互相交织间存在微小的空隙，再加上植物纤维有亲水性，因此，当纸的周围环境含有的水分子多于纸内的水分子，则会发生吸湿（纸内水分增多）现象。反之，会出现脱湿（纸内水分减少）现象。

为什么用纸锅能够烧开水？

陕西省西安市民族小学张甜甜同学问：

纸很容易被火烧着，可是为什么纸锅却能烧开水？

问题关注指数：★★

俗话说：纸包不住火。这句话的字面意思是因为纸遇着火会烧着，所以不能包住火。可是用纸折叠的纸锅，却能够烧开水。这是怎么一回事呢？是不是做纸锅的纸用的是什么特殊的纸呢？其实，这是一种物理现象，因为纸比较薄，表面积大，所以传热速度快。加热时，锅内的水产生对流，热水轻，在浮力的作用下上升，冷水重会下降，这样就不断地把锅底的热量带到水的表面。因此跟火直接接触的纸锅锅底温度不会超过100° C，达不到纸的燃点。加热又使纸锅的锅底变干，因此薄薄的纸能起到承受煮开水时的支撑作用。所以，就有了纸锅能烧开水的情景。但是，严格地说，这种纸锅烧开水，只是一种科学游戏。

现在，科学家们新研制出了一种导热纸，这种纸具有物理强度高、抗燃性高等特点。用这种纸做成的纸锅强度大、厚度小、传热好。因此，一旦加热后（不宜用明火），锅内的水能达到沸点。

这种导热纸所用的原料是针叶树木浆，经过黏状打浆，再施胶和加入防水剂等，还要涂一层阻燃剂，以确保该纸能够防水、抗热、不损破。这种导热纸可以制作成火锅，一人一锅，免除清洗，降低成本，保证卫生。用完还可以回收，重新造纸，从而节约了大量资源。

对流现象

对流是传递热量的一种重要方式，广泛存在于自然界中。生火做饭时，空气对流让炉火燃烧得更旺，煮饭时，冷热水对流把锅内的食物温度搅匀。没有对流，天空中不会有云，也没有风，地球会变得一片死寂……

为什么荧光棒能在晚上发光？

天津市昆明路小学王子玉同学问：

在一些露天演出的晚会上，观众挥舞着会发光的荧光棒，荧光棒为什么会发光呀？

问题关注指数：★★★★

许多小同学观看露天演出时，常常会挥动着一种发出柔和亮光的塑料棒，这种棒就是荧光棒。如果想让荧光棒发出亮光，只要把它折弯几下，直到听见“咔”的一声，奇妙的光亮便会显现。这究竟是怎么回事呢？

原来发出五颜六色光的荧光棒，通常是由内外两层管组成的：外层是塑料管；内层是易碎的玻璃管。两层管中分别充满不同的化学药液。荧光棒中的化学药品主要有：过氧化物、酯类化合物和荧光染料。在未发光之前，两种液体是被分隔开的。当用手弯曲这个棒时，内层的玻璃管破裂，内层管中的化学药液与外层管中的化学药液流到一起，药液混合产生新的化合物，即发生化学反应。因为新的化合物处于高能量状态，它以光的形式将能量释放出来，这就是我们看见的荧光。简单地说，荧光棒发光的原理就是过氧化物和酯类化合物发生化学反应，将反应后的能量传递给荧光染料，再由染料发出荧光。

探索飞船

放射性和非放射性物质发光的区别

有人说荧光棒中使用了放射性物质，这是误会。荧光棒所发出的光是靠化学反应激发染料发出的非放射性光，所以，不会伤害人体。鉴别某种夜光产品是否为放射性发光，简单的办法是：如果是放射性发光，它持续的时间很长但光度较弱；而非放射性发光，它的光较强，持续的时间比较短，一般约为4个小时左右。

电视里的动画是怎样制作的？

陕西省西安市何家村小学郑舒航同学问：

我非常喜欢看动画片，请问，电视里的动画是怎么制作的？

问题关注指数：★★★★

一幅画或一个物体消失后，它的形象还会在人的眼睛里保留短暂的时间。视觉的这一现象则被称为“视觉暂留”。我们看到画面能动起来就是因为人类的“视觉暂留”。据测试，一个形象可以在眼睛里滞留1/10秒，电视画面采用了每秒25幅，也就是一个画面只出现1/25秒，所以完全可以使画面连续动起来。

如果这些画面都用手工绘制，工作量很大。一部30分钟的动画片需要画43200幅图画。所以绘制图画需要大量的人力。一般30分钟的动画剧本，若设置400个左右的分镜头，将要绘制约800幅图的图画剧本，这些都是来自原画工作人员一笔一画的精雕细琢。但是这些画不是连续的，还需要中间插画，中间插画就是两张原画之间绘制角色动作的连接画，使动作连续起来。

电脑技术的发展大大促进了动画片的制作。把手工绘制的原画，输入到计算机后，中间画就可以让计算机去完成。在计算机动画中物体可以按照定义好的方程式轨迹运动，可以围绕一个中心点旋转，也可以朝着指定的方向移动，轨迹一旦形成，计算机就会自动生成动画画面。大大节省了制作动画片的工时和费用。

联想快车

动画小实验

在一本厚书或笔记本每一页的右上角用铅笔画一个图画，图画上的动作是连续的，迅速翻动书页，你就会看到画面运动起来。

为什么电影里的演员会飞？

陕西省西安市何家村小学高玥儿同学问：

看电影时，经常会看到演员在空中飞的镜头，这是怎么回事？

问题关注指数：★★★★

其实，这种神奇的镜头要归功于电影特技。拍电影时，可以有多种方式制作特技画面，足以让观众视假为真。下面，我们通过一个简单的实验让你体验一下特技的神奇效果。让蜡烛在水里燃烧：在燃烧的蜡烛和一只水杯正中间放一块玻璃，使屋子变暗，从蜡烛一面看去，你会发现，蜡烛正在水里燃烧。原因是玻璃反4%的入射光，造成了特技效果。

武打片中的蹿房越脊镜头常用倒拍法，用倒拍法拍人从高处跳下，把倒拍的镜头正常放映就可以得到飞起的效果，后来，发明了光学印刷机，先将人物在蓝屏的衬托下拍下来，再用需要的背景替换蓝色的背景，可以把在不同的地方和时间拍摄的影像结合在一个画面上。

随着计算机成像与电子仿真学的发展，数字化技术使特技制作发生了变革。计算机可以制作出逼真的三维立体图像，能将真实的演员活动与虚拟的场景合为一体。例如：《侏罗纪公园》《阿甘正传》及《泰坦尼克号》等许多著名的大片，都大量使用了数字技术。《泰坦尼克号》的电脑数字技术用了550台超级电脑连续不停机地工作了4个月，才制作出震撼的史诗般的场景。

你也可以飞

在蓝色的屏幕前做一个飞的样子，照一张数码照。用图像处理软件把你的影像从照片中抠出来，也就是去掉背景。把抠好了的影像和喜马拉雅山山峰或摩天大楼的风景照片合成，就制作出了你在空中飞的照片。

为什么电视塔要造得特别高？

北京市北京师范大学附属小学徐丽同学问：

北京市的中央广播电视塔、上海的东方明珠电视塔都建得很高，这是为什么呀？

问题关注指数：★★

电视节目的发送与广播节目的传送是不相同的。电视台是把图像和伴音的信号变成超短波，向空中发射出去的。不同波长的电波在空间传播的方式也不相同：中波段的电波主要是沿着地球表面传播的，它可以绕着地球的曲面传过去。短波段的电波主要是依靠电离层的反射来传播的。

电视台发出的电波是超短波，这种电波与光的传播速度差不多，也是每秒30万公里。超短波既不能绕着地球的曲面传过去，也不能通过电离层的反射来传播，它只能直线传播。由于地球表面是圆弧形的，因此从电视台播送出来的节目，只有在一定的区域内才能被接收到。被地球曲面挡住的地方是看不到的。只有通过转接的办法，才能收到远处电视台的节目。

为了加大电视的收视范围，电视台就要提高发射天线的高度，把电视塔建得高高的，并增加发射机的功率，使更广大地区的观众，能够收到更多的电视节目。

人造卫星在太空中飞行，比所有的电视台都高，所以通过卫星转播，我们可以看到世界各地的电视节目。

中国最高的电视塔

广州新电视塔位于广州市中心，总高度600米，其中塔体高450米，天线桅杆高150米。该塔是中国最高的电视塔。

为什么眼睛能分辨出颜色？

北京市中国人民大学附属小学杨一桥同学问：

为什么正常人的眼睛能分辨出五颜六色的颜色？

问题关注指数：★

眼睛像一台照相机。“镜头”是水晶体，“底片”就是视网膜。视网膜的构造很复杂，由700万个视锥细胞和1.2亿个视杆细胞组成，它们具有感光功能，所以又被称为光感受细胞。

当光线比较暗的时候，主要是视杆细胞起作用，这种视觉活动被称为暗视觉。在暗视觉中，我们不能很好地感受颜色，因为视锥细胞不能很好地发挥作用。当环境明亮的时候，主要是视锥细胞发挥作用，被称为明视觉。在明视觉中，视锥细胞能感受颜色，对视觉有较高的敏感性，辨别颜色和周围环境的细节，此时视杆细胞不起作用。中等亮度下，两种视觉细胞都起作用。

视网膜上的神经细胞是如何感知颜色的呢？科学家有着不同的猜想，我们只介绍一下物理学家托马斯•杨的研究：开始他想，是不是一种颜色对应着一种视神经细胞呢？这不大可能，因为世界上有那么多种颜色，需要多少种视神经细胞呢？所以他想一定是少数几种就可以。于是他假定是红、绿、蓝三种视神经细胞联合工作的结果，因为按不同的比例，红、绿、蓝三种色光可以合成出任何光的颜色。这个理论叫作三色说。

开心小辞典

试试看

一般人看东西时都用两只眼。试着闭上一只眼，将左手的手指放在眼前50厘米的地方，用右手的手指去触摸，看看会发生什么情况。

为什么红、黄、蓝能产生那么多种颜色？

广东省广州市惠福西路小学张皓琳同学问：

为什么我把黄颜料和蓝颜料混合起来，看到的是绿色的呢？

问题关注指数：★★

平时我们看到各种颜色都是由红、黄、蓝三种颜色混合而成的，所以红、黄、蓝又被称为颜料的三原色，与光的三色光（红、绿、蓝）不同。原因是，我们看到的物体颜色决定它的表面反射什么颜色的光。当你把红色的水彩颜料涂在纸上，纸表面的光学性质就改变了，红色颜料只反射红光，而把其他颜色的光都吸收掉了，所以这纸看上去是红色的。各色颜料的作用都是这样。太阳的白光中含有七色光，如果物体的表面毫无选择地反射各种颜色的光，它就是白色的，反之吸收了全部入射光，物体就是黑色的。

把黄色颜料和蓝色颜料混在一起，为什么会变成绿的呢?这是因为每种颜料并不是非常纯粹地反射和自己一致的色光，实际上还反射一些在光谱上顺序邻近的色光，例如：黄色颜料除了反射黄光以外，还要反射邻近的橙光和绿光。同样，蓝色颜料除了反射蓝光以外，还要反射邻近的绿光和靛光。把黄色颜料和蓝色颜料混合在一起以后，因为黄颜料把红、蓝、靛、紫色光吸收掉了，蓝色颜料把红、橙、黄、紫色光吸收掉了，反射光中就只剩下了绿色光。

颜色的秘密

准备红、黄、蓝三种颜料。将红色颜料和黄色颜料混合在一起，看呈现出哪种颜色？再试着将红色颜料和蓝色颜料混合在一起，将红色、黄色、蓝色颜料混合在一起，看分别会呈现出哪种颜色呢？

晴朗的天空为什么是蓝色的？

青海省西宁市胜利路小学平措同学问：

雨后晴朗的天空，为什么是蓝色的？

问题关注指数：★★★

一场大雨过后，天空蔚蓝得像一泓秋水，令人心旷神怡。天空为什么是蓝色的呢？

天空的蓝色是大气分子、冰晶、水滴等和阳光共同作用的结果。

阳光进入大气时，空气分子会对太阳光进行散射。散射可以用台球打比方：一个台球撞在另外一个上时会改变运动方向。如果是一些大小不等的球，碰撞后运动方向的变化不同，大的不容易改变自己的运动方向，小的容易。所以波长不同的色光在大气中散射程度并不相同，波长越短，被散射得越厉害，蓝光波长比红光短，它受到的散射程度比红光要大5倍。所以当大气中没有灰尘和烟雾时，天空看起来最蓝。当大气不那么干净时，灰尘和水蒸气的颗粒都比空气分子大，对太阳光中所有波长的光都会散射，因此天空是白色的。

在傍晚或日出的时候，由于阳光穿过厚厚的大气层，光在照射到你所在的这个地方的途中，遇到众多的微粒，使得蓝色的光线往四面八方散射开去，我们看到的是失去蓝光的日光，太阳看上去已经不是那么耀眼，而变成一个大火球，颜色是橘红色的。

彩虹

彩虹是气象中的一种光学现象。当太阳光照射到空气中的水滴，光线被折射及反射，在天空上就形成拱形的七彩光谱。彩虹常常出现于雨后，它的形状弯曲，色彩艳丽。

大海为什么是蓝色的？

山东省烟台市文化路小学郭强东同学问：

水是无色透明的，可是为什么大海却是蓝色的?

问题关注指数：★★★

看到过大海的人都会为那一望无际的蓝色海面所震撼。海水的颜色主要是由于海水对太阳光线的吸收、反射和散射造成的。我们知道，太阳光是由红、橙、黄、绿、青、蓝、紫七色光复合而成，七色光波长长短不一，波长长的红光、橙光、黄光穿透能力强，最易被水分子所吸收。波长较短的蓝光、紫光穿透能力弱，遇到纯净海水时，最易被散射和反射。又由于人们眼睛对紫光很不敏感，往往视而不见，而对蓝光比较敏感。所以当海水明净清澈时，被海水吸收最少的蓝光和紫光就反射和散射到我们眼里，于是，我们所见到的海洋就呈现出一片蔚蓝色或深蓝色了。

其实海水看上去也不全是蓝色的，因为海水颜色除了受以上因素影响外，还会受到海水中的悬浮物质、海水的深度等其他因素的影响。如亚非两洲之间的红海，因水温很高，海里生长着一种水藻，大批死亡后呈红褐色，将海水染成红色。而黑海，由于海水表层密度很小，深层密度很大，上下层水体难以交换。再加上黑海与地中海之间也仅有又窄又浅的土耳其海峡相通，这样，黑海下层海水长期处于缺氧环境，上层海水中生物分泌的秽物和各种动植物死亡后沉到深处腐烂发臭，大量污泥浊水，使海水变黑了。

白海

白海是北冰洋深入俄罗斯北部的海域。由于其所处纬度高，一年中约有200多天被冰层覆盖。当阳光照到冰面上时会产生强烈的反射，致使我们看到的海水是一片白色，海水呈现出一片白色，故而得名。

闪电是如何产生的？

黑龙江省哈尔滨市复华小学巩林鹏同学问：

夏天，下雷阵雨前，经常会出现闪电，请问，闪电是怎么产生的？

问题关注指数：★★★

雷电主要发生在积雨云。积雨云是一种空气强烈垂直对流过程中形成的云。地面在太阳的照射下积累了大量热量，烤热了地面附近的空气，夏日这种增温更明显。而太阳光穿过地球上方的空气层时，并不能使大气层的温度升高多少。所以地面的热空气要上升，上方的冷空气要下沉，形成了强烈的对流。上升气团中的水汽遇冷凝结成雾滴，就形成了积雨云。云层形成过程中，正负电荷分别在云的不同部位积聚，在中下部是较重的负电荷，在上部是较轻的正电荷。当电荷积聚到一定程度，就会在云与云之间或云与地之间发生放电，也就是人们平常所说的闪电。

科学家发现，天上的电跟用摩擦方法得到的电，性质是一样的。因为金属尖端比其他的形状更容易放电，所以把一根数米长的细铁棒固定在高大建筑物的顶端，当建筑物的表面还没有积累很多的感应电荷时，便跟云层发生了放电，避免了破坏性的雷击，这种避雷装置被称为避雷针。

中国古建筑上的避雷装置

中国古代建筑很早就设计了巧妙的避雷装置，法国旅行家著的《中国新事》一书中记有：中国屋脊两头，都有一个仰起的龙头，龙口吐出曲折的金属舌头，伸向天空，舌根连接一根细的铁丝，直通地下。这种装置跟现代用的避雷针基本相似。

为什么人的影子是黑色的？

北京市黄城根小学刘媛媛同学问：

我在阳光下留下的影子是黑色的，为什么不是其他颜色啊？

问题关注指数：★★★

光在传播的过程中如果遇到人体，就会在人体的后面留下影子。

这是因为人体不透明，会遮住光线，所以在光线照不到的地方就会留下一个暗区，这个暗区就形成了影子。日全食的时候，地球进入到月亮的影子里了，所以此时地球像黑夜一样。

牛顿发现白色的太阳光可以分解为七色光，七色光可以合成白色，后来科学家托马斯·杨发现只要红、绿、蓝三种色光就能合成各种颜色的光，称为光的三原色。红、绿、蓝三种色光同时照射一个地方会组成白光。你的身体如果把三种光一起挡住，影子就是黑的，如果你只挡住蓝光源，红光和绿光会照到你的影子，此时影子是黄红色，因为红光和绿光合成黄红；挡住绿色光，影子是红光和蓝光合成的洋红色；只挡住红光，影子是青红色。在电视台的晚会上，你可以观察彩色灯光，能看到彩色的影子。

这就是为什么，在自然界我们观察不到彩色的影子，但是在舞台上或其他有人造彩色光源的地方可以观察到彩色的影子。

小实验

准备三个手电筒，在电筒的前面分别蒙上红、绿、蓝三种玻璃纸。在一个黑暗的屋子里请三个持手电筒的同学拉开一定的距离，用红、绿、蓝电筒分别或同时照射你，看看你的影子颜色有什么不同。

地球上的东西为什么不会甩出去呢？

黑龙江省哈尔滨市兆麟小学尹一伊同学问：

地球自转的速度很快，为什么地球上的东西不会甩出去？

问题关注指数：★★★

我们常说，坐地日行8万里，计算表明地球赤道表面随地球自转的速度是每小时1674千米。那么，为什么地球上的东西不会甩出去呢？

一个原因是惯性原理。地球上的水、空气、人、汽车等一切东西都跟着地球一起转动，地球保持匀速转动，它们跟地球是相对静止的。如果地球突然停下来或突然加速，那么地球上的东西就会因为惯性而飞出去，就像公共汽车急刹车或急速起步时的情况一样。

再一个原因是地球具有万有引力。让我们看个小例子：把一根绳子的一端系上一个螺丝帽甩起来让它做圆周运动，如果绳子断了，螺丝帽就会飞出去。这就是说，做圆周运动需要对物体施以向心力，绳子断了没有向心力施加给螺丝帽，螺丝帽就飞出去了。由于地球万有引力的作用，地球表面上的物体会受到一个向心力，这个向心力大于地球自转时物体产生的作用于地球的离心力，所以地球上的东西才不会甩出去。

开心小辞典

假如地球停止转动几秒

请看《趣味物理学》（别莱利曼著）中一段对地球突然停转几秒后的描写："几秒钟以后，他发现自己已经落在一处好像刚爆炸过的地面上，在他的周围，石块、倒塌的建筑物的碎片、各种金属制品接连不断地飞过去，幸亏都没有撞到他身上，飞过去的一条遭难的牛，落在地面上给撞得粉身碎骨……"

人为什么要有两只眼睛？

广西壮族自治区南宁市秀田小学王子玉同学问：

人都长两只眼睛，为什么不长一只呢？

问题关注指数：★★★★

做个小实验，闭上一只眼睛在桌子的中央贴张贴纸，然后睁开双眼看看贴的位置。是不是发现没有贴在中央？原来，一只眼睛不能正确地判断物体的准确位置，如果司机的一只眼睛不好是不能开车的。

闭上一只眼睛，一只眼睛的观测范围大致是150°，两只眼睛大约180°，两只眼睛的视野有一大块是重叠的，这个重叠的部分很重要，这叫双眼视觉。当两只眼睛同时看一件东西时，眼睛会自动转动眼球把视线集中到一点，物体越近，两个眼球转动得就越厉害，眼球肌肉的紧张程度会传到大脑，大脑这台高级计算机会按照过去的经验计算出物体的距离。肉食动物为了捕食都有双眼视觉，兔子或鸡的两只眼睛长在两侧，视野几乎不重叠，视野加起来差不多360°，没有双眼视觉，但是它们不用转头就可以躲避天敌。

双眼视觉还是产生立体视觉的原因，当我们观察一个物体时，一只眼睛从左边看，另一只从右边看，两眼看的有微小的差别，传到大脑，大脑内就能加工成为一个立体的图像。

护眼小诀窍

眼睛被人们称作心灵的窗户，所以我们要从小保护眼睛，平时应该做到：1.认真做好眼保健操；2.形成良好的读、写、看姿势；3.不要让眼睛过度疲劳，学会让眼睛得到充分的休息；4.尽量避免用单眼长时间看东西；5.不要做不利于眼睛健康的事。

立体电影是怎样拍摄的？

天津市五马路小学王璐璐同学问：

立体电影让人有身临其境的感觉，到底立体电影是怎样拍摄制作的？

问题关注指数：★★

我们人眼看物体有立体感，是因为我们的左眼和右眼之间有距离，看到的同一个物体有视差，在视网膜上形成的两幅图像也稍有不同，这两个图像经过大脑综合处理后，我们就能区分物体的前后、远近，从而产生立体视觉。

拍摄立体电影时，模拟人双眼观察景物的方法，利用两台并列安置的电影摄影机，分别代表人的左、右眼，同步拍摄出两条略带水平视差的电影画面。放映时，在两台电影放映机镜头前分别加上偏光镜，分别放映出左、右两个画面。这时在银幕上，就会形成左、右“细微”差别的双重影像。

为了得到立体感，观众要戴上特制的偏光眼镜观看，偏光眼镜的两个镜片必须跟两台电影放映机镜头前的偏光镜构造一样。这样左眼只看到银幕上的左画面，右眼只看到右画面。眼睛将左、右放映机的影像叠合在视网膜上，就像看到真实的东西一样，在大脑中产生立体视觉效果，从而展现出一幅幅连贯的立体画面，让观众感受到景物扑面而来、身临其境的神奇幻觉。

随着新技术的发展，现在也有了使用电脑特效制作的3D立体电影。3D电影的画面更清晰、立体感更强烈、观赏效果更佳。科幻影片《阿凡达》，就是3D电影的典范。

开心小辞典

小实验

请举起右手，将拇指紧贴鼻尖，其余四指抵住眉心。闭上左眼，只见手背不见手心；而闭上右眼则恰恰相反。这种细微的角度差别经由视网膜传至大脑里，就能区分出景物的前后远近，从而产生强烈的立体感。

为什么戴上眼镜能够矫正视力？

广东省广州市体育东路小学的赵杨同学问：

我是近视眼，戴上眼镜就能看清东西，这是为什么？

问题关注指数：★★

人的眼睛像一架照相机，眼睛里有一颗晶状体，两面都是凸起的，好像一个双凸透镜。景物轮廓的光线通过晶状体会聚在眼球后面的视网膜上。视网膜就像照相机里的底片一样。如果影像落在视网膜的前边或后边，那么眼前的东西就模糊看不清楚了，就像照相机对焦不准一样。晶状体的边缘是肌肉，有收缩和弛张的能力，正常情况下，它能调节晶状体的焦距，使景物在视网膜上成像，看清或远或近的东西。

但是，由于各种不同的原因，眼睛不能正常看清远处的景物，变成近视眼了，这时就要戴一副凹透镜来调节。因为近视眼产生的原因是晶状体凸得厉害，这时景物轮廓的光线聚焦在视网膜前面。戴上凹透镜后，调整了晶状体的焦距，使景物又能在视网膜上成像了，所以，戴上近视眼镜后便能够矫正视力。相反，出现近处的景物看不清楚的情况，就变成老花眼了。这时，戴上凸透镜（老花镜）后，就能看清远处的景物了。

不要扔掉旧眼镜

配了新眼镜之后，旧眼镜最好不要扔。因为在配近视眼镜时，是以看清楚远处（5米以外）为准的。因此在配新眼镜验光时，一般是把新眼镜的度数提高75～150度来确定远视力。所以，我们的眼睛看远处时基本上不用调节，而看近处（5米以内）时必须调节才能看清楚。我们读书或写作业时，眼睛距物体较近，调节力度增大，阅读的距离越近，眼睛的调节力度越大。如果戴新眼镜的时间过长，眼睛就会有疲乏感，出现视物模糊、干涩发疼等症状。这时换上旧眼镜，眼睛就会舒服多了。

一根直直的木棒放到水中为什么会变成弯折的呢？

河南省安阳市红庙街小学赵琰琦同学问：

把一根直直的木棒插入水里，为什么会在水面处弯折呢？

问题关注指数：★

这是光线耍的把戏。光在空气中是沿着直线照射的，当它遇到水时，虽然也能投射过去，但因为变了环境，光线就改变了原来的方向，这就是光的折射现象。百叶窗可以防止从外面看到屋子里也是这个原理。我们习惯于沿着直线去寻找光的来源。光线折射了，我们并不知道，仍然认为光是沿直线传来的，反倒认为木棒弯折了。

举例子来帮助你理解光线折射的原因：推着两只轮子的手推车或双轮玩具车，当你从平坦的水泥道路上斜推向沙土地的时候，就会有一个车轮先遇到沙土地，它的速度立即减慢下来，而另一个车轮仍以原来较快的速度运动，两个轮子的速度不同，车子一定会在两种道路的交接面上拐一个弯，等到两个轮子同时进了沙地以后，车子就又沿着直线前进了。

把一个硬币放入盛满水的水桶桶底，从桶的上方向下望去，你会感到桶底的硬币好像比地板离你更近了。用手在桶外指出你所看到的硬币的位置：此时眼睛应该同时盯住硬币和手指，微微晃动你的头，从不同的角度去看，以便认准手指和硬币确实在同一高度。测量一下手指和水面的距离，你会发现，是水深的四分之三，这说明硬币升高了四分之一，这个实验也能说明光线的折射现象。

硬币为什么会升高？

光在空气中传播的速度是每秒30万千米，在水中的传播速度较慢，是在空气中的四分之三。这就是硬币升高了四分之一的原因。这也就是为什么我们有时会误判水深的原因。

照相机为什么能拍照？

北京市史家小学孙博宇同学问：

出去旅游时，我们会用相机拍照。请问，照相机为什么能拍照啊？

问题关注指数：★

让我们先做个小实验：用一个放大镜对准窗外明亮的景物，另一只手拿着一张白卡纸，在适当的位置上，白卡纸上可以看到一个明亮的倒立的图像，这就是照相机的基本原理。

照相机一般是由镜头、机身、快门、光圈等组成的。镜头是由多片透镜组成的，机身是一个暗箱。镜头和胶片之间的距离可以调整，这是对焦距。用快门开启时间的长短和光圈的大小来控制进光量，明亮的景物要少进一点光，反过来要多进光，大部分相机是可以自动控制曝光的，就是所谓的傻瓜相机。傻瓜相机本身不傻，它有着非常复杂的机构，照相的全部过程都是机械自动控制的。

数码相机的出现，使摄影更加普及，人们可以立即看到影像，也可以直接打印成纸质的照片。数码相机中没有传统的胶片，取而代之的是一个可以反复使用的感光芯片。芯片上排列着许多的感光元件，可以随着光线的明暗产生大小不同的电信号，把这些信号转换为数字信号后，存在相机的记忆卡中，这张照片就照完了。把数字信号输入到电脑中就可以显示、加工、打印，一张照片就出来了。

联想快车

像素和清晰度的作用

像素的多少是数码相机的一个指标，像素高的照片放大后，清晰度高，像素低的放大后颗粒粗，景物的细节不清楚。

在电脑屏幕上，不断地把一幅照片放大，最后，你看到照片变得不清楚了，由许多色块组成，这些色块就是组成照片的像素。

用望远镜为什么可以看到很远的地方？

浙江省杭州市西子实验学校赵一航同学问：

爬山时，用望远镜能很清楚地看到远处的景色，这是为什么？

问题关注指数：★★★

望远镜之所以能看见远处的东西，这还要从望远镜的构造说起。以简易的天文望远镜为例，它由两片凸透镜组成：对着景物一端的叫物镜，靠近眼睛一端的叫目镜。物镜应该选口径大扁平的，也就是焦距大曲率小的凸透镜；目镜选口径小曲率大的，也就是焦距较小的凸透镜。可以在阳光下寻找凸透镜的焦点，判断透镜的焦距。物镜能把远处的景物在焦点附近形成一个倒立的实像，这个实像很小，目镜相当于一个放大镜，能把这个实像放大，使我们的眼睛看清楚。

望远镜和显微镜的区别是，望远镜的作用是移近远处的东西，不是放大。例如：用3倍的望远镜看3000米远的一座高山，我们觉得山离我们近了，只有1000米，山近了显得大，但不是把山放大了3倍。

在望远镜的发明中，孩子们可是立了大功的。据说有几个孩子在眼镜店里玩耍的时候，他们把眼镜片组合起来看，偶然发现远处的钟楼变近了。这件事启发了眼镜店的老板发明了望远镜，后来意大利的物理学家伽利略又进行了改进。

开心小辞典

哈勃太空望远镜

哈勃望远镜是以天文学家哈勃的名字命名的，是人类第一台太空望远镜，总长度超过13米，质量为11吨多，运行在地球大气层外缘离地面约600千米的轨道上。它大约每100分钟环绕地球一周。

钢琴为什么被称为“乐器之王”？

黑龙江省哈尔滨市继红小学孔德麒同学问：

钢琴被称为“乐器之王”，这是为什么呀？

问题关注指数：★★

钢琴是历史悠久的乐器之一，也是独奏、重奏、伴奏等音乐活动中最重要的乐器之一，同时它还是一种音域宽广、表现力非常强的乐器。至今它已遍及世界各个角落，历史上著名的作曲家都曾为之谱写过不朽的作品，因此，钢琴被人们誉为“乐器之王”。

为什么钢琴能在器乐中具有这么重要的地位？

首先是钢琴的音域非常广阔。它的发声频率范围可以从27.5赫兹以下到4186赫兹以上，在各类乐器中，几乎是音域最宽的。

第二是它的音量大。它的琴弦系在钢板上，比木板的共鸣强很多，音量大到可以在一个大音乐厅里独奏，而无需扩音设备。

第三是它可以奏出和声。钢琴可以同时或很快按下许多个键，发出各种和弦声，利用脚踏板还可以大大扩展和声效果。

第四是音色丰富。由于钢琴的特殊结构，即所有的琴弦都紧固在一块钢板上，因此，即使弹奏一根弦，其他的琴弦也能被“感应”发出谐波，因此音色特别丰富。

钢琴可以通过演奏时变换击键和使用踏脚板的方式，随心所欲地控制力度和音色，使强弱适度。从千军万马、惊涛骇浪到潺潺流水、细语低声，无一不可表达，随心所欲，千变万化。

弦乐器

钢琴属于弦乐器。其他的弦乐器，西洋乐器有提琴、吉他、竖琴等，中国乐器有二胡、马头琴、琵琶等。

自来水是怎么来的？

陕西省咸阳市华星小学郑国强同学问：

我们每天的生活离不开自来水，请问，自来水是怎么来的？

问题关注指数：★★★★

无论是家里、学校里，还是饭店里，都有水龙头，只要把它打开，水就会哗哗地流出来。难道自来水是自己来的吗？

当然不是。

自来水是自来水厂送来的。自来水厂的水是从河湖、水库或地下取来的。自来水厂在送水前，要先把水沉淀、过滤、消毒、入库，然后再由送水泵将清洁的水输入水塔或贮水箱。水塔或贮水箱的大出水管连着埋在地下的自来水管道，这些自来水管道又连着千家万户的水龙头。这样，当你打开水龙头时，水就哗哗地流出来了。

从上面的描述中，你不难看出，自来水从河流流入到千家万户的水龙头，要经过这么多的环节，真是来之不易，所以我们要节约用水，珍惜这宝贵的自来水。

北京的水源地——密云水库

密云水库是北京最大最主要的水源地，日供水量占北京用水总量的四分之一。

密云水库在密云县城北13千米处，它位于燕山群峰之中，横跨潮、白两河。水库有“燕山明珠”之称。水库库容40多亿立方米，库水最深达60多米。它是北京市民用、工业用水的主要来源。库区夏季平均气温低于市区3℃，是一处避暑胜地。

摇过的汽水为什么会冒泡？

湖北省武汉市仁寿路小学苏宇明同学问：

不小心摇过的汽水会冒泡，打开瓶盖后会马上喷出来，这是为什么？

问题关注指数：★★

炎热的夏天，许多人都喜欢喝汽水解渴。你一定看到过，不小心摇过的汽水会冒泡，打开瓶盖后会马上喷出来；如果故意猛烈摇动，它可以喷出来好多。这到底是怎么回事啊？

汽水能够冒泡喷出来，靠的就是其中的气体——二氧化碳。在汽水的生产过程中，工厂会利用高压装置往水里添加二氧化碳，二氧化碳会溶解在水中，并和水反应生成碳酸。灌入饮料瓶中时，一部分二氧化碳会从汽水中溢出，但因为瓶子是封口的，气体出不去，于是瓶内压力比较高，汽水内的二氧化碳含量也能一直保持较高的水平。但当瓶盖突然打开的时候，瓶内气压迅速变低，二氧化碳的溶解度变低了，这时，碳酸会自发分解出二氧化碳。这就是为什么我们能够喝到有气的水，汽水为什么会不停地冒泡。

汽水剧烈摇晃后再打开瓶盖会产生大量的气泡是因为，摇动使饮料瓶中的气体和液体发生了混合，使气体包裹在液体内产生了气泡，瓶盖打开后这些气泡促进了汽水中的二氧化碳气泡的产生——于是就从瓶口喷了出来。

开心小辞典

汽水里的二氧化碳气体

汽水里含有许多二氧化碳气体，当喝下汽水时，二氧化碳气体也跟着来到你的胃里。可是我们的肠胃不吸收二氧化碳气体，所以，它很快就带着胃里的热气往外跑，使你打起嗝来。

为什么吃零食的习惯不好？

广东省广州市三元里小学吕桂香同学问：

我特别喜欢吃零食，可是听说经常吃零食不好，是真的吗？

问题关注指数：★★★★

是真的。常吃零食对身体不好。

这是因为，我们体内的胃肠像机器一样，工作是有规律的，该工作时工作，该休息时就休息。如果你总是不停地吃零食，胃就得不停地工作。时间久了，胃得不到充分的休息，就会因为疲劳而“闹脾气”，轻则停止工作，重则患上胃病。

另外，零食吃得多了，就不想吃饭了。饭里含有各种各样的营养，而零食中却没有那么多，所以，如果不好好吃饭，就得不到充分的营养，时间长了，就会影响身体的正常生长发育。更何况，我们常吃的零食多为含糖量大、含盐过多、含过多激素或防腐剂等成分的食品，有的如膨化食品甚至含铅，不利于身体的健康。

所以我们千万不要养成爱吃零食的坏习惯。不过，在保证正餐的前提下，吃些水果倒是很好的选择。

挑食的危害

挑食（偏食或拒食）是小学生常见的不良习惯。挑食会导致某些营养素的摄入不足或过量，造成体质虚弱，抵抗力差，容易生病或过度肥胖，严重影响身体的生长发育。

暖气片为什么要装在窗户下面？

北京市光明小学袁尚武同学问：

冬天取暖的暖气片多是安装在窗户下面，这是为什么？

问题关注指数：★★★★

暖气片装在窗户的下边，是因为空气的热传递主要是靠对流产生的。当冷空气从窗户缝隙挤进屋子时，暖气能将冷空气加热，加热的空气比冷空气轻，热空气就开始往上跑，同时，上面的相对较冷的空气和旁边的较冷的空气就会过来补充，由此形成一个对流的循环，使室内温度升高。这样，屋子很快就能暖和起来。

如果暖气安装在窗户上部，或者安装在墙上面，虽然节省空间，但当暖气加热时，空气受热开始上升而暖气下面的空气温度相对较低，密度也相对较大，它不能上升，对流不能在整个房间形成。这就造成了暖气上面温度高，下面温度低，起不到为整个房间加温的效果。而且，从窗户缝里挤进来的冷空气，要在屋子里走一大段路才能碰到暖气，也会使屋子变得更冷。

制冷的空调的室内机一般装在较高的位置，也是同样的原因。

热气球为什么能飞上天？

热气球能飞到高高的空中，就是利用热空气比冷空气轻这一特点完成的。在给热气球加热后，气球里的空气比它周围的空气轻，热空气就带着气球飞向高高的天空。

哈尔滨的冰灯闻名全国，请问冰灯是怎么做的？

海南省海口市龙华小学陈海舟同学问：

去年冬天，父母带我去哈尔滨看了冰灯，真是太漂亮了。请问，冰灯是怎么做成的?

问题关注指数：★★★

北方的冬季,冰是最容易得到的材料，所以很早以前，渔民凿冰捕鱼使用的照明工具就是用冰做的灯笼，它不仅明亮，而且防风。后来冰灯就成为中国北方的一种古老的民间艺术形式。现在我们所看到的冰灯远比过去的复杂，它应用了声、色、光、形、电等现代科技，成为园林、建筑、雕刻、绘画、文学乃至音乐等多学科的综合冰雪造园艺术。

冰灯的制作是许多人协作的工程，一般有这么几个步骤：

第一步是采冰。冰灯不能使用人造冰，必须要采集通体透明、质密、均匀的冰块。河水的结冰条件可以满足这个要求。

第二步是将整块冰加工成光洁的冰砖，然后按照图纸堆拼组成大型冰灯的雏形。把很多很多方方正正的冰块黏合在一起，熨斗以及电吹风是比较常用的工具，通过加热冰与冰之间的结合面，使冰面融化再冻结。

第三步是对已建成的冰景进行细致的修磨和雕刻。木工使用的刨子、扁铲等工具在这里派上了用场，也大量使用电动工具进行加工。在冰灯内安装灯也是很讲究的，灯的温度不能太高，电线绝缘性也要好，防止融化冰雕及漏电。

最后，一座晶莹巍峨的冰建筑或精巧的冰雕工艺品就这样诞生了。

开心小辞典

猜猜看

水结冰后体积会膨胀，比重比水轻，所以，湖里的冰会漂在水面上。假如水结冰后沉入水底，设想一下，自然界会发生什么变化?

为什么礼花在天空绽放会出现五彩缤纷的图案？

北京市史家小学王洪礼同学问：

过春节时，燃放的礼花会绽放出非常好看的图案，礼花是怎么做的呀？

问题关注指数：★★★★

礼花又称烟花、焰火，是一种由多种化学药剂组合制成的观赏品。它和爆竹都是我们中国人最早发明的。礼花在空中绽放后会出现五彩缤纷的花朵和图案，十分美丽。

礼花能够绽放出好看的颜色，和铝、镁、钛、锆等金属粉末分不开。原来这些金属粉末化学性质十分活泼，当它们被射向空中爆炸后，与氧化合，剧烈燃烧，温度可高达3000℃以上，放出耀眼强光。而不同的金属粉末燃烧后会放射出自己固有的彩色光芒。例如：钠蒸气产生黄色光谱，锶蒸气产生红色光谱，绿光用氯酸钡、硝酸钡，蓝光用碳酸铜、孔雀石，金光用金粉，白光用铝粉，等等。有了这些基本色，自然不难配出各种鲜艳夺目的色彩来。

至于礼花千奇百怪的图案则是利用了不同的添加剂产生的，它们的形状、燃点、爆炸性质、产生气体等因素影响了烟花燃放后的飞行路线，不同的组合，从而形成不同的效果。有的可制成各种色彩鲜艳的发光体（如药柱、药球、药粒），有的可制成一面旋转一面喷花的转花，还有的可制成被点燃后连续射出各种色彩球的魔术棍。这些性质不同的礼花在空中构成鲜艳无比、变化无穷的图案，美不胜收。

礼花源于中国

礼花源于焰火，而焰火源于火药，我国是火药的故乡。早在一千三百多年前，著名医学家孙思邈就在《丹经》一书中，详细记载了当时的火药的成分和性质。14世纪，火药才由印度、阿拉伯辗转传至欧洲，至此，西方人才知道火药。

小汽车为什么都是四个轮子？

陕西省西安市西安工业学院附属小学黄耀华同学问：

为什么大街上跑的小汽车一般都是四个轮子，而不是两个轮子或更多轮子？

问题关注指数：★★★

同学们一定见过独轮车、两轮车、三轮车，也看到小汽车一般都是四个轮子。这是因为独轮车不好分配动力和转向，两轮车和三轮车的平衡性不好，四轮车的平衡性就很好，所以汽车一般都是四个轮子。一般是两个轮子用来转向，两个轮子用来提供动力，平均分配，也有四个轮子都有驱动的。五轮没什么必要，多出一个轮子就放到车的后备箱，用来更换损坏的轮子。当然也有很多轮子的车辆，如载重卡车、拖车和轮式装甲车，它们装很多轮子是为了分解车体重量，减少车体重量对地面的压强，避免陷车。一般的小轿车车体和载客都不是很重，所以四个轮子就够了，大型的载重汽车就有六个、八个甚至十多个轮子，有些特种运输车辆的轮子可以多达几十个。

轮子为什么是圆的？

轮子是人类重要的发明之一。人类发明轮子是受一些自然物的启发。古人见到圆形的东西可以轻松地滚动受到启发，就发明了轮子。圆形轮子在向前滚动时，中心轴与地面始终是平行的，不会颠簸；其与地面的接触面积小，受到的摩擦力比其他形状的物体小很多。因此把它通过车轴安装在车子上可以省力省时，还平稳。

为什么自行车骑起来不会倒？

湖北省武汉市大塘小学李世民同学问：

自行车骑起来的时候不会倒，速度慢了或停下来时会倒，这是为什么？

问题关注指数：★★★★★

同学们骑自行车时会发现，当自行车飞快地骑起来时，不会跌倒，而当它停下时，如果脚不点地或者不用撑着，就会摔倒。为什么会这样呢？

原来，只要是运动着的物体都有一种本领，那就是保持物体旋转方向（旋转轴的方向）的惯性。自行车也一样，当骑起来时，它的两个轮子都在快速转动，当直线运动时，人的重心落在自行车运动的轨迹上，此时自然不会摔倒。当转弯的时候，前轮运动延长线与后轮运动延长线相交形成一个三角形，人的重心落在此三角形内。在极小距离内，车身倾斜并在水平面做圆周运动，此时由圆周运动产生的离心力提供支持，也不会摔倒。再加上骑车人注意保持身体平衡，车子就会平稳向前行进。

如果自行车停了下来，车轮不再转动，就失去保持车轮转动方向不变的能力，人的重心就会落在自行车运动轨迹之外，自行车自然就会倒下。

转动的陀螺为什么不倒？

手捻陀螺，转动得越快，陀螺站得越稳；陀螺停止转动时，就会倒下。其实，转动的陀螺不倒跟骑起来的自行车不倒是一个原理。

钢轨接缝处为什么要留空隙？

云南省昆明市龙泉路小学丰国鸣同学问：

在火车站台，我发现钢轨的接缝处，都会留些空隙，这是为什么呀？

问题关注指数：★★★

钢轨的接缝处留下空隙，不是因为工程出了质量问题，而是为了避免钢轨因热胀冷缩发生变形，特意留出来的。原来，一般的物体都有遇热膨胀、遇冷收缩的特性，铁路的钢轨也不例外。

在炎热的夏天和寒冷的冬天，钢轨的温度要相差50℃以上。由于热胀冷缩，一条300千米长的铁路，冬天和夏天不同的季节，钢轨之间的长度竟然能相差270多米。假如钢轨之间不留空隙，夏天胀出的部分，就会将钢轨弄得七扭八歪，影响铁路的正常运行。另外，火车在轨道上通过的时候，会与轨道发生摩擦产生热量，会使轨道发生热胀。所以，在铺设钢轨时，人们才有意识地在钢轨的接缝处留下空隙。

随着钢轨生产工艺的不断提升，热胀冷缩问题已经初步得到解决。我国已经能够大量生产超常钢轨，钢轨的缝隙减少后，对车轮的磨损也减少了，火车的噪声也大大降低了。

生活中的热胀冷缩

除了钢轨的接缝处要留空隙，在修水泥路时，路面也隔段距离就会留出一条细缝；夏天架设电线时，不能绷得太紧；建造铁桥的钢铁构件间也要留空隙。这样做，同样是因为热胀冷缩的原理。

石油除了做燃料，还有别的用途吗？

四川省成都市龙江路小学徐伟峰同学问：

我家的汽车要用汽油，石油除了用作燃料，还有什么用？

问题关注指数：★★★

同学们都知道，汽车用的汽油、柴油都是从石油中提炼成的，石油还能提炼煤油等燃料。其实，除此之外，石油还有很多用途。石油具有黏性，可以炼制出优质的润滑材料。特别是在尖端科学技术领域，如原子弹、航空航天等方面，更需要具有耐高温或低温、防水、抗辐射、抗腐蚀、抗氧化、耐高压等特殊性能的润滑材料，这也都离不开石油。

石油是由多种物质组成的有机化合物。人们利用石油来提取各种石油化学产品，在吃、穿、用等生活各方面加以利用。根据目前所知道的，用石油做原料或部分原料制成的产品有人造橡胶、塑料、染料、香料、炸药、医药用品、糖精、肥皂、合成纤维、合成洗涤剂等。

石油在农业上除了做农业机械的燃料之外，还可以制成合成农药、合成肥料、土壤覆盖剂、喷洒剂以及动植物的生长刺激剂等。这对促进农业增产有着重要作用。

石油全身都是宝，就是提炼剩下的残渣——沥青（柏油），也可以用来铺柏油马路。在日新月异的科学发展中，石油已经被广泛地应用到国民经济的各个部门中，成为人类不可缺少的“黑色金子”。

石油的生成

石油是由古代的有机物变来的。在漫长的年代里，海洋里繁殖了大量的生物，它们死后，遗体随着泥沙一起沉到海底，长年累月地一层层堆积起来，跟外界空气隔绝着，经过细菌的分解，以及地层内的高温、高压作用，生物遗体逐渐分解、转化成石油。

除了煤、石油、天然气之外，地球上还有别的能源吗？

广东省广州市五山小学胡耀华同学问：

煤、石油、天然气是我们常用的能源，除了它们，地球上还有别的能源吗？

问题关注指数：★★★

地球上的能源有很多，在煤炭、石油、天然气都耗尽后，还有核能（原子能）、太阳能、风能、水能、地热能、可燃冰、生物能（植物燃料）等可加利用。

核能是利用铀235在密闭的反应堆里进行裂变，所产生的热将水加热成高温高压蒸汽，带动发电机发电。太阳能是一种无害、巨大、长久的能源。阳光照在太阳能接收器上，通过光电效应使电动机工作，这就是太阳能发电。风能是地球表面大量空气流动所产生的动能，它受地形、气候条件的影响较大。水能包括海洋能和河湖水的位能。水能是一种可再生、清洁的能源。海洋有可利用的潮汐能、海浪能、海流能等。利用河流建水坝来发电，成本低，不过会破坏生态环境和自然景观。可燃冰是水和天然气相结合后形成的一种晶体物质。据测定，1立方米固体可燃冰，约含200立方米天然气。所以可燃冰具有很强的燃烧能力，是一种十分重要的很有开采价值的新能源。种植能源作物如石油树、绿玉树、桉树等，提炼生物柴油，种植高粱、玉米、甘蔗等农作物，提炼酒精做燃料，这些“绿色能源”也可以缓解能源供应的不足。

知识加油站

潮汐发电

潮汐发电与普通水力发电原理类似。在涨潮时，将海水储存在水库内，以势能的形式保存，然后，在落潮时放出海水，利用高、低潮位之间的落差，推动水轮机旋转，带动发电机发电。我国最大的浙江江厦潮汐发电站，发电量居世界前列。

人类是怎样利用太阳能的呀？

河南省郑州市互助路小学袁明渊同学问：

太阳能是一种环保的新能源，人类是如何利用太阳能的？

问题关注指数：★★★

太阳能一般是指太阳光的辐射能量。太阳每秒钟照射到地球上的能量相当于燃烧500万吨煤。

太阳能虽然巨大、取之不尽、无污染且品质高，但是也有一个缺点，就是太分散、直接利用收效甚微。太阳能作为一种新能源开发，主要方式有以下三种：

第一，将太阳光聚起来以获得热能，通常叫光热发电。另外，太阳灶、太阳能热水器和太阳能干燥器等也是比较简单、容易推广的方法。

第二，将太阳能直接转换成电能。运用光电池，可以直接把太阳能转换为电能。太阳能电池较常用的是硅电池，在人造卫星、航天飞机上已广泛采用。日常生活中用的计算器、半导收音机中都可以看到作电源的太阳能电池。这些叫光伏发电。

第三，将太阳能直接转化为化学能。植物叶绿素的光合作用启发科学家进行这方面的研究。

太阳能资源丰富，既可免费使用，又无需运输，对环境无任何污染。太阳能的全面使用将使人类进入一个节约能源减少污染的低碳时代。

开心小辞典

希腊人的“光武器”

相传，公元前213年，罗马人乘战船进攻希腊西西里岛岸边的一个小城。面对来势汹汹的敌人，阿基米德指挥全城人手持镜子排成弧形，利用镜面的聚光作用，把阳光聚集在罗马人的战船上。就在罗马人纳闷的时候，一道强光从天而降，罗马人的战船瞬间燃起熊熊大火，最后，罗马军队不得不撤退。这可以算是人类主动利用太阳能的一次伟大的试验。

为什么说天然气是清洁能源？

山东省青岛市宁夏路小学陈子丹同学问：

冬天时，许多家庭取暖时都烧天然气。烧天然气更环保，是真的吗？

问题关注指数：★

我们做饭的时候，打开天然气灶开关，蓝色的火苗就舔着锅底，很快就把饭菜做好了，既方便，又清洁。冬天的时候，打开天然气壁挂炉，屋里的暖气就加热了，温暖如春。在一些大城市里，出租车和公交车也使用天然气做燃料，现在天然气的使用是越来越广泛了。

天然气是古生物遗骸长期沉积在地下，经过慢慢转化及变质裂解而产生的气态化合物，具可燃性，多在油田开采原油时伴随而出。天然气比空气轻，无色、无味、无毒，因此，天然气泄漏的时候不容易发现，空气中天然气达到一定的浓度，遇到火星就会爆燃，危及人身安全。为了预防天然气泄漏，天然气中添加了臭味剂，以利于使用者嗅辨。

天然气在燃烧过程中产生的二氧化碳仅为煤的40%左右，产生的二氧化硫也很少。天然气燃烧后无废渣、废水产生，具有使用安全、热值高、洁净等优势。所以，相对于煤炭和石油，天然气算是清洁能源了。

探索飞船

我国天然气资源丰富吗？

我国天然气开采有着悠久的历史。公元前3世纪，人们就在今天的四川邛崃一带利用开采盐井过程中取得的天然气煮卤熬盐。在我国960万平方公里的土地和300万平方公里的管辖海域下，蕴藏着十分丰富的天然气资源，但就人均而言，我国算不上是一个天然气资源大国。

“白色污染”有什么危害？

山东省济南市泉城路小学温鹏飞同学问：

在我们的日常生活中，时常能看到废弃的塑料袋和塑料膜，它们到底有什么危害啊？

问题关注指数：★★★

在我们的日常生活中，经常会使用塑料制品。它们使用方便、价格低廉，给我们的生活带来诸多便利。但另一方面，这些塑料制品在使用后往往被随手丢弃，污染环境，成为“白色污染”。

由于这些塑料制品不易被天然微生物菌降解，在自然环境中长期存在不会降解。如果不回收，这些被丢弃的塑料制品混在土壤中不断累积，会破坏土壤结构，影响植物生长，导致农作物减产；如果被动物误食，会导致动物因消化道梗阻而死亡；如果这些塑料制品随垃圾填埋会占用大量土地，而且几百年也不会腐烂，使土地长期无法利用。所以许多国家都禁止使用无法降解的一次性塑料袋。

我国是世界上塑料制品生产和消费大国，为了减少“白色污染”，我国颁布了“限塑令”，规定，在全国范围内禁止生产、销售、使用厚度小于0.025毫米的塑料购物袋；在所有超市、商场、集贸市场等商品零售场所实行塑料购物袋有偿使用制度，一律不得免费提供塑料购物袋。可是，由于人们的环保意识还不强，没有深刻认识到“白色污染”的严重后果，“限塑令”并没有取得预期的效果。

减少“白色污染”任重道远。

开心小辞典

不一样的塑料袋

薄塑料袋是指厚度小于0.025毫米的塑料袋，这种塑料袋非常轻薄，经风一吹便可上天，到处乱飞，属于禁止使用的范畴。

可降解的塑料袋是利用植物秸秆等制成，废弃后在生物环境的作用下，可以自行分解，无论对人还是对环境都无害。

为什么垃圾不能随意焚烧？

安徽省合肥市和平小学孙盈盈同学问：

为什么要建那么多的垃圾填埋场啊？直接烧掉不就行了吗？

问题关注指数：★★★

这是因为，垃圾焚烧会产生大量的二噁英。二噁英是一种剧毒物质，万分之一克甚至亿分之一克的二噁英就会给健康带来严重的危害。二噁英除了具有致癌毒性以外，还具有生殖毒性和遗传毒性，直接危害子孙后代的健康和生活。因此二噁英污染是关系到人类存亡的重大问题，必须严格加以控制。

最早发现二噁英的危害是在1957年。当时，美国东部和中西部地区发生了大批雏鸡死亡事件。从饲料的油脂中检测出了二噁英类物质。此后不久，美国在越南战争中，喷洒了大量的除草剂，过程中有副产物二噁英物质产生，造成了许多孕妇流产、许多人患上肝癌和新生儿畸形出现。1983年日本的一个课题组从垃圾焚烧炉烟气的飞灰中，检测出了二噁英物质。

二噁英毒性很大，目前食品中污染的量不会造成急性中毒，如果长期食用含有这种低浓度污染物的食品，可能会致癌或雌性化。此外，二噁英还有致畸、致癌、致遗传基因突变的危害，以及影响生殖机能、机体免疫功能等。所以，它对人类的危害特别大。

知识接龙

地球上最强的毒物

焚烧垃圾是产生二噁英的主要来源，进入人体的二噁英 90% 是通过“吃”的渠道。由于二噁英非常稳定，在自然环境中难以降解，进入人体后很难排出，在人体内蓄积，只会越来越多。二噁英毒性最强，致癌作用最大。它是世界上毒性最强的化合物，是氰化钾的130倍、砒霜的900倍，被称为“地球上最强的毒物”。

雪天环卫工人为什么要向马路上撒融雪剂？

福建省福州市实验小学薛晴柔同学问：

下雪后，环卫工人会给路面上撒融雪剂，这是为什么呀？

问题关注指数：★★

冬天的时候，北方经常会下雪，雪后马路上的积雪给城市交通带来许多不便，也影响了环境卫生。因此，环卫工人常常要往积雪上撒一种东西，加速雪的融化。这种加速积雪融化的东西是什么呢？就是融雪剂。

最简单的融雪剂是食盐（氯化钠）。盐撒入积雪的马路之后，盐分子和水分子混合，使凝固点降低到-20℃左右。撒了盐的冰雪融化后，会释放大量的热量，促进周围冰雪不断融化。

撒盐化雪虽然很有效，有利于城市交通，但也有两个坏处，一是降低水的凝固点有限，太冷的天气不行；二是盐分对道路有腐蚀作用，长期使用会破坏路面，对植被也有影响，因此，不能把有盐的雪堆在树木的周围，必须运到固定的地方。还有一类醋酸类有机融雪剂和冰混合后凝固点可达-30℃左右，即使天气极冷，冰雪也会融化。醋酸类有机融雪剂对环境危害较小，但是成本高。

在雪天我们还看到车辆的碾轧可以融雪，这是由于水是一种奇怪的物质，一般液体凝结成固体后体积会减小，但是水冻成冰后密度变小，体积加大。因此，冰受到压强时凝固点降低，我们常常看到车轮碾过的地方的雪往往易于融化就是这个道理。积雪的路面上撒上融雪剂后，再经车辆的碾轧就更易使雪融化了。

试试看

在室温条件下倒一杯淡水再调制一杯等量的盐水，放入冰箱，比较一下凝结的情况。

为什么我国从南方到北方土壤的颜色不一样？

福建省厦门市英才学校吴志国同学问：

书上说我国东北的土壤是黑色的，黄土高原的土壤是黄色的，其他地方的土壤颜色也不相同，是真的吗？

问题关注指数：★★★

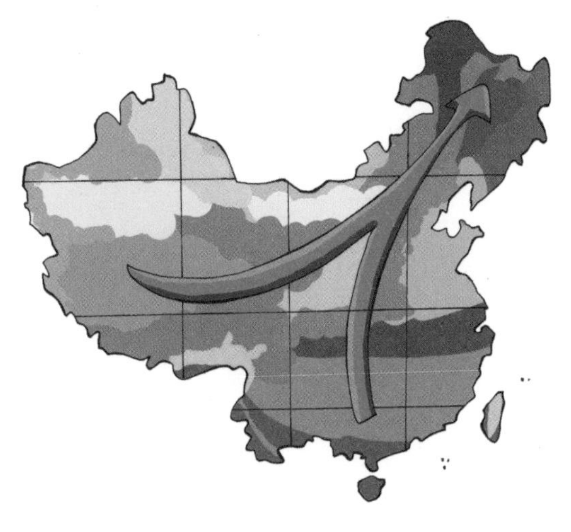

土壤的颜色与土壤里含有的有机质、矿物质等有密切关系。有机质是植物的根、叶等残体和进入土壤中的杂物（肥料、垃圾），经过不同程度的腐烂后生成的。而矿物质的种类多、颜色各异，对土壤的颜色影响大。土壤中含有机质较多，一般显暗灰色或棕黑色。我国南方地区潮湿多雨，土壤里含有的矿物质较多，加上长年的温度高、风化作用强，土壤中残留的氧化铁较多。氧化铁是一种呈红色的化合物，所以土壤显红色。在我国的东北地区，那里的气候寒冷，微生物的活动较弱，土壤中含有的有机质分解缓慢，加上土壤里矿物质少，所以土壤显黑色。

此外，我国沿海的某些地区，由于土壤里积累的钠、镁等盐类物质较多，地表常常出现白色的“盐霜”，这叫作盐碱地。它不经改造填土，很难长庄稼。还有一类被水淹没或长期渍水的低洼土地，因为土壤中的氧化铁被还原成氧化亚铁，而氧化亚铁是一种呈浅蓝色的化合物，所以这种土壤显灰蓝红色。

社稷坛

北京中山公园内保留着明代所建的社稷坛。坛里铺垫着五种颜色的土壤：东方为青色、南方为红色、西方为白色、北方为黑色、中央为黄色。

汽车既消耗石油又污染环境，为什么还要发展它？

广东省深圳市育才小学金丽红同学问：

汽车消耗石油对环境的污染很大，如果没有汽车不是很好吗？

问题关注指数：★★★★

汽车发明了以后，给人们带来很大的便利，但由于马路上的汽车越来越多，也带来了很多负面的影响。例如能源（石油）消耗多了，油价日趋上涨；交通堵塞，交通事故增多了；汽车尾气大量排放，造成空气污染严重了。

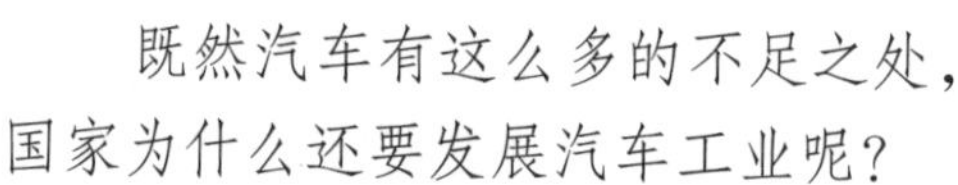

既然汽车有这么多的不足之处，国家为什么还要发展汽车工业呢？

没有汽车的时候，人们办事需要从一个地方到另一个地方时，往往是走路、骑马或者坐马车，在路上花费的时间很多。这样一来，办事的效率就非常低了。汽车发明以后，交通极大地便利，人们的办事效率大为提高。汽车改变了人们的生活方式，许多人选择城区工作、乡下居住……

随着科学技术的发展，人们已经想出许多办法克服汽车带来的负面效应：例如，用电动汽车替代烧汽油的汽车使污染减少；改进道路和交通设施，增强车的安全性；健全交通法规，减少车祸的伤害；用GPS定位导航系统减少堵车……所以，我们不能因噎废食，不发展汽车工业。

汽车尾气的毒性

汽车排放的尾气中含有上百种不同的化合物，这些排放物产生的光化学反应增大了有害气体的浓度，致使呼吸道疾病人数明显增多。科学分析表明，一辆轿车一年排放的有害废气比它自身重量大三倍。与交通事故遇难者相比，每年死于空气污染的人要多出许多倍。

发生火灾后，该怎样逃生？

江西省江西师范大学附属小学李明国同学问：

火灾发生后，常常会造成人员的死伤和财物的损失，遇火灾，该怎样逃生？

问题关注指数：★★★

火灾是火失控燃烧所造成的灾害。它常给人们的生命财产带来极大的损害。俗话说“水火无情”，一旦遇到了火灾，我们应该怎么办？

首先要保持冷静，莫慌张。在火灾中，最大的“杀手”并非大火本身，而是在焚烧时所产生的大量有毒烟雾，这些主要成分为一氧化碳的毒气，人呼吸几秒钟就难受，过一会儿就会昏迷，一两分钟后就能死亡。所以逃生时，要先用湿的毛巾或布捂住自己的口鼻，防止吸入有毒的气体。

高层建筑遇火灾时，要趁烟气不浓或大火尚未烧着楼梯、通道时及时逃生。如果过道或楼梯已经被大火或有毒烟雾封锁，应该及时利用绳子（或者把窗帘、床单撕扯成较粗的长条结成长带子），将其一端牢牢地系在自来水管等能负载体重的物体上，另一端从窗口下垂至地面或较低楼层的阳台处等，然后沿着绳子下滑，逃离火场。

倘若被大火封锁在楼内，那就得暂时退到房内，关闭通向火区的门窗。可向门窗浇水，以减缓火势的蔓延；与此同时，通过窗口向下面呼喊、招手、打亮手电筒、抛掷物品等，发出求救信号，等待消防队员的救援，不要轻易跳楼。

探索飞船

防火门的作用

防火门的主要作用是当火警出现时，可以有效地防止烟火从居住区或商业区向消防疏散通道蔓延，即起到阻隔烟火作用。防火门是朝消防通道开的，并且带有闭门器等自动回复功能，人从居住区或者商业区很容易就可以跑向消防通道，而且门会自动关闭，阻止烟火进入，为逃生人员赢得更多生存机会。

油料着火为什么不能用水去扑灭？

山西省太原市五一路小学冯程程同学问：

都说水能灭火，那么，为什么油料着了不能用水去灭呀？

问题关注指数：★★

水是天然的灭火剂，把水浇到燃烧物上，水大量吸收燃烧物所产生的热量，变成水蒸气笼罩在燃烧物的周围，使温度下降到着火点以下；水也有很大的吸附力，它遮掩燃烧物的表面，隔绝空气，使火熄灭。所以，一般情况下，水能浇灭火。

但是油料着火后，却千万不能用水去扑灭。这是因为，水的相对密度比油大，它只能沉在油的底部，不但不能遮盖油料，隔绝空气，反而会将油位升高，溢出容器或使油飞溅到更大的范围，扩大燃烧的面积。同时，用水灭火时反而会将火油搅动，更加扩大了火油与空气的接触面积，从而使燃烧加剧，越烧越大。因此，如果遇到油料着火时，千万不要用水灭火，应用二氧化碳灭火器（泡沫灭火剂）或干粉灭火器扑救，也可用沾湿的消防被(棉被、棉毯或麻袋)将火压灭。用沙土灭火时，要将沙土撒在火的周围，使火停止蔓延后，再渐渐包围火焰中心，将火扑灭。

火灾的克星——灭火器

灭火器是一种可携带的灭火工具。常见的灭火器有两种，一种是泡沫灭火器，一种是干粉灭火器。泡沫灭火器灭火时，瓶里的碳酸氢钠溶液与硫酸铝溶液发生化学反应，生成大量的二氧化碳和水的泡沫从灭火器中喷出，使火和空气隔绝，达到灭火的目的。干粉灭火器从容器中喷出的是细微的粉末，这种粉末喷在火上，发生化学反应，释放出大量的二氧化碳，使火与助燃的氧气隔绝，窒息灭火。干粉灭火器多用于扑灭电器火灾、油类和气体火灾，也可以用于一般火灾。

为什么说臭氧层对人类有保护作用？

江苏省扬州市花园小学肖丽萍同学问：

听说臭氧层能将太阳光中99％的紫外线过滤掉，保护了地球上的生物和人类，是真的吗？

问题关注指数：★★★★

地球的周围环绕着一层大气。这层大气的主要成分是氮和氧，约占99%以上。此外，还有少量的氩、二氧化碳、水汽和臭氧等。虽然大气中二氧化碳、水汽和臭氧含量很少，但对整个地球气候的变化却影响很大。

臭氧层能吸收阳光中的紫外线，将这些波长很短而且有致命危险的辐射转化成热能，只有极少量能到达地表。所以，臭氧层像是为地球撑起一把保护伞，挡住了绝大多数致命的紫外线，对所有生物都是非常重要的。

如果臭氧层遭到破坏，过量的紫外线会使人和动物的免疫力下降，最明显的表现是皮肤癌的发病率增高，甚至使动物和人失明，并产生许多免疫系统疾病。此外，过量紫外线对于农作物，甚至海洋生态都会造成负面影响，造成渔业、农作物产量下降。

然而，由于人类大量地使用氟利昂制冷剂，使臭氧层已经遭到严重破坏，而且情形一年比一年恶化。为此，1985年3月制定了《保护臭氧层维也纳公约》，以求能保护好臭氧层。

臭氧是臭的吗？

臭氧在常温下，是一种有特殊臭味的蓝色气体，有点类似鱼腥味。90%的臭氧存在于距地球表面20千米的大气平流层，这就是“臭氧层”。

为什么说全球的气候变暖，对人类是一场灾难？

河北省石家庄市机场路小学吴萌同学问：

近些年来，气候变暖的趋势越来越明显，这对人类有什么影响啊？

问题关注指数：★★★★

气候变暖指的是在一段时间中，地球的大气和海洋温度上升的现象，主要是指人为因素造成的温度上升。全球变暖，气温升高，对人类活动有着极为巨大和深远的负面影响。

第一，气候变暖，将会造成海平面上升。从而引起全球的低洼地被淹，海岸被冲蚀，地下水位升高，经济发达、人口稠密的沿海地区会被海水吞没，地下水盐分增加，影响城市供水。

第二，气候变暖，自然界的动植物将惨遭厄运。气候变化能改变一个地区不同物种的适应性，植物群落无法适应变暖的速度而可能死亡。某些动物有可能会因食物短缺而灭绝。

第三，气候变暖，将使一年中温度和降水的分布发生重大变化。导致生物带和生物群落空间（纬度）分布也产生重大变化，影响到粮食作物的产量和分布类型。同时，全球变暖还会使高温、热浪、热带风暴、龙卷风等自然灾害加重。

第四，气候变暖，对人类健康也能产生很坏的影响。许多疾病如疟疾、霍乱、脑膜炎、黑热病、登革热等传染病将危及人类健康，发病率和死亡率急速增加。

低碳生活

低碳生活是指生活作息时所耗用的能量要尽力减少，从而减少二氧化碳的排放量，进而减少对大气的污染，减缓生态恶化。在现实生活中，我们主要要从节电、节气和回收三个环节来做。

为什么地球内部很热？

浙江省嘉兴市友谊小学孙明国同学问：

地球内部很热，这种热能是怎样形成的呀？

问题关注指数：★★

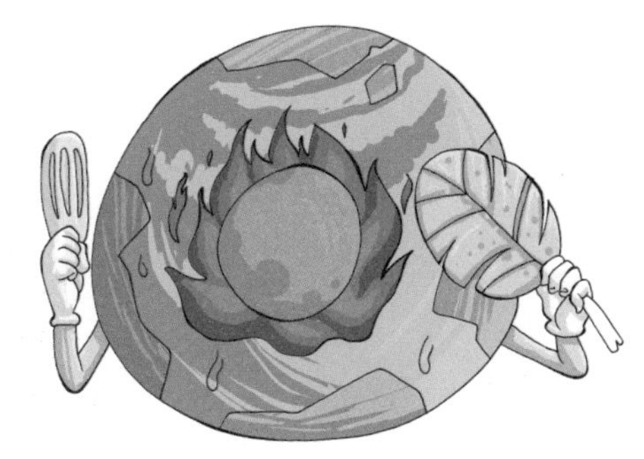

我们居住的地球，越往地底下走，里面的温度就越高。地球内部有巨大的热能，地下热能的总量约为地球上贮存的全部煤的能量的1.7亿倍。

地球内部的热能究竟是怎么形成的呢？到目前为止，科学家们还没有取得一致的看法。主要有两种学说：一种是同位素衰变学说，另一种是高压下生热学说。

有的科学家认为，地球内部的地层里埋藏有大量的各种化学元素的同位素。所谓同位素，就是同一种元素的原子核中质子数相同而中子数不同的原子，被称为该元素的同位素。放射性同位素能够自行不断地随时间进行分裂、衰变。在分裂过程中一方面会释放出大量热能，使地球内部热量增加，另一方面生成新物质而稳定下来。

另一些科学家认为，地球内部的地层里存在着极大的压力。如果地表的大气压力为1个大气压的话，在距离地表6000米以下的深处，地球内部的压力就比地表的压力大300万倍。在如此巨大的压力下，相应的温度就非常高了。这样，地球内部为什么很热就不难理解了。

到底哪个学说对？怎样才能利用这些能量？如此高的压力和温度，其能量如何被巧妙引导到地面上来，又怎样储存和开发利用？种种问题，正是科学家们研究的课题。

地热的应用

地热是一种清洁环保的能源。开发利用它有两种方法，一种是直接将地下热水抽出，另一种是向地下有热岩的地方注入冷水，利用热岩加热冷水，然后再把热水抽出来利用。

我国西藏羊八井地区的地热田，地热水最高温度为172℃。人们在那里建成了一座地热实验电站。

为什么煤不可以再生?

山西省大同市第二小学蔡云峰同学问:

煤是我们常用的一种燃料,它能再生吗?

问题关注指数:★★

煤是一种化石燃料,是在地球长期演化的历史过程中,在一定阶段、一定地区、一定条件下,经历长时间的地质时期而形成的。煤的生成花费的时间非常漫长。把整块的煤放在显微镜下观察,可以见到少许的古代植物遗体和泥炭。植物的枝叶和根茎变成泥炭,要借助水、微生物。这一步的变化时间大约需要几百万、几千万年。

泥炭还不是煤,下一步泥炭变成煤的过程,还要经过几千万年。泥炭又是怎么变成煤的?由于地壳运动,沼泽地带逐渐下降,泥炭被埋在地下。随着地下深度加深,压力加大,温度上升。结果使泥炭中的水分蒸发,体积被压缩,结构紧密,使碳含量增加了。这个过程少说也得花费几百万年甚至更多。想一想,这两步合起来差不多需要上亿年,甚至更多的时间。

所以说,煤几乎是不能再生的。

开心小辞典

煤炭是工业的“粮食”

如果没有煤炭,对于任何现代工业和工厂都是不可设想的。煤是热力之源,煤的发热量是木材的1~3倍,煤气作为生活燃料,是千家万户不可缺少的。火力发电时,每生产1度电需耗用0.5千克煤。冶炼1吨钢,需用约500千克焦炭。从煤及其副产品中还可以提炼很多化工产品,如合成橡胶、人造纤维、香料、染料、肥料等。

为什么食盐可以吃，工业盐不能吃？

山西省太原市滨河小学谷烟霞同学问：

食盐我们几乎每天都要吃，为什么工业盐不能吃呢？

问题关注指数：★★★

食盐是我们餐桌上离不开的调味料，它的化学名称叫氯化钠。正常人每人每天需从饮食中摄取10克左右的盐，且等量排出。盐不仅能调味，让我们吃的食物有味道，更重要的是它能调节人体的血压、酸碱度等生理平衡。所以，人若几天不吃食盐，就会感到全身乏力、提不起劲。但如果食盐过多，也会对身体的血压等产生不良的影响。

工业盐的化学名称叫亚硝酸钠，它的外形跟食盐差不多，主要是用来作为锅炉的清洗剂。

为什么工业盐不能吃？因为亚硝酸钠分子中的氮原子具有很强的氧化能力，这种盐又能溶于水。如果被人误当食盐与食物一起吃进胃里，亚硝酸钠分子进入血液中，氮原子夺取了氧原子，破坏了血红蛋白，不能把人呼吸进的氧气输送到身体的各部分，也不能帮助排出二氧化碳。其结果是造成脑组织缺氧，引起呼吸困难、恶心、呕吐、抽搐、昏迷等中毒症状，严重的会使人死亡。所以，工业盐是千万吃不得的！

血红蛋白

血红蛋白是脊椎动物红细胞中的一种含铁的复合变构蛋白，由血红素和珠蛋白结合而成。其功能是运输氧和二氧化碳，维持血液的酸碱平衡。血红蛋白的输氧能力一旦被破坏，人就会窒息而死亡。

小学生睡电热毯好不好？

河北省廊坊市许各庄小学咸青蓝同学问：

听别人说，睡电热毯有副作用，是真的吗？

问题关注指数：★★★

冬天的时候，许多人喜欢睡电热毯。电热毯使用方便，加热快，温度可调，这些优点使电热毯成为许多人首选的取暖工具。然而长期睡电热毯对人体的危害很大，主要表现在以下两个方面：

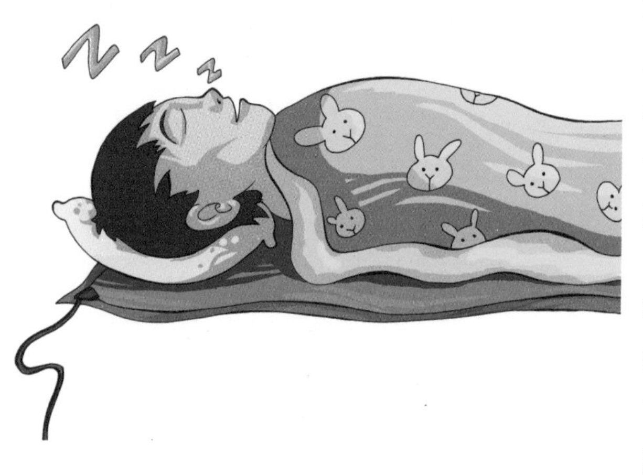

电磁影响。传统的电热毯在工作发热的同时，会产生较强的电磁波辐射和感应电。电热毯产生的电磁波辐射强度超出国家标准几十倍甚至上百倍。电磁辐射可能会引起神经系统疾病、生殖系统疾病、心血管系统疾病和免疫功能及眼睛视力等方面的疾病。电热毯加热时产生的感应电流能作用于人体各部，这个电流虽微小，但对年老体弱者或心脏病患者、婴幼儿还是存在着隐性危险。所以，使用电热毯应在睡前预先加热好，睡觉时应切断电源，不要带电使用，避免电磁辐射的危害。

还有，使用电热毯升温，会使被窝里的湿度下降。高温低湿度容易使人干燥上火并产生其他病症。

电磁辐射

我们通常使用的电器和通信设备，如电视、手机在使用中电场和磁场的交互变化会产生电磁波，电磁波在传播的过程中也有电磁能向外传播，这种能量以电磁波的形式通过空间传播的现象称为电磁辐射。电吹风、吸尘器、电动剃须刀、荧光灯和微波炉也是常见的能产生电磁辐射的家电产品。

在粥里分别放入盐和糖会怎么样呢？

北京市花家地实验小学谷易轩同学问：

喝粥的时候，为什么向粥里加食盐，粥变稠；加白糖，粥变稀？

问题关注指数：★★★

盐跟糖能像魔术一样改变粥的稠稀，这是为什么呢？下面让我来告诉你这个小秘密：

粥是由粮食和水共同组成的。大米、小米、玉米等粮食都可以加水煮成粥。现以大米粥为例来说明。

大米的主要成分是淀粉，从外观上看，淀粉是一种白色的小小颗粒。当大米加水煮熟以后，一部分淀粉粒吸收了大量的水而破裂，淀粉浆流出，所以煮成的粥变得黏糊糊的。但是，还有另一部分淀粉粒只是吸水膨胀，并没有破裂，淀粉粒内还包含了一部分水。所以，在一碗粥中应存在两部分水，即淀粉粒内的水和淀粉粒外面的水。

食盐是一种电解质，加到粥里之后，食盐分子会透过淀粉粒进入其内，也随之带进了"外水"。这样一来，粥中淀粉粒的"内水"增加了，"外水"减少了，于是粥就变稠了。白糖却是一种非电解质，蔗糖分子进入不了淀粉粒，只能溶解于外部的水中。这样便使淀粉粒外的水形成的浓度比淀粉粒内的还要高，迫使原来淀粉粒内的水向外流，于是粥就变稀了。所以粥的变化，与加入的是电解质还是非电解质有密切的关系。

电解质

凡是溶于水中并能导电的化合物，如酸、碱、盐类的物质，都被称为电解质。在本问题中，电解质进入淀粉分子内，随之把水分子带入其内，"内水"多了，"外水"少了，浓度就增大、变稠了。若不是电解质，就不会产生这种现象。

水滴到热油锅里为什么会噼啪作响?

河北省廊坊市许各庄小学胡春华同学问:

妈妈炒菜时,水滴滴入热油锅,就会发出噼啪的响声,这是为什么?

问题关注指数:★★★

同学们一定看到过爸爸妈妈做饭吧?爸爸妈妈在厨房里炒菜时,他们一将湿漉漉的菜放到热油锅里,便会发出噼噼啪啪的响声,还会溅出许多油点来,这是怎么回事呢?

由于水的密度比油大,水进入热油后会沉在锅底,油的沸点要高得多,加热到200多℃时才会沸腾,而水到100℃时就会沸腾。所以,当水滴到热油锅里时,立刻就会沸腾,变成水蒸气,迅速向四面八方快速膨胀,使油锅表面的空气震动,发出噼噼啪啪的声音,同时,水蒸气还会带着油滴一起飞出油锅来。

水与热油接触,使得油被暴溅成雾状。而食用油的燃点在350℃左右。当油雾碰到了锅壁,因为那里直接被火烧(温度高于350℃,因为火的温度是600℃左右),又是可以让油雾与空气接触的地方,所以就被点燃了。这就是为什么我们在一些电视饮食节目中能看到炒菜锅燃烧的情景。

水和油能相溶吗?

水和油一般情况下是不相溶的,所以我们常常看到油漂在菜汤的上面。不过,你往油和水里加些洗涤灵,它们就会相溶了。

为什么有的糖果不粘牙、有的粘牙？

吉林省长春市明珠小学吴翠兰同学问：

我喜欢吃糖，不过，为什么有的糖果粘牙，有的糖果不粘牙啊？

问题关注指数：★

食品厂在生产糖果的过程中，为了增加糖果的特色和风味，在熬炼砂糖时需要加入一些配料，如饴糖、明胶、油脂、蛋白质、葡萄糖、乳化剂等。同时，还要从生产工艺上严格控制好熬煮糖浆的温度，因为不同的熬煮温度，可以制取不同性质的糖果。如果熬煮温度适合，糖果的分子排列结构比较稳定，糖果的含水量也保持在一定范围（10%～15%），再加上添入的饴糖少一点，明胶、油脂、乳化剂等多一点，那么，生产出来的软糖就很少粘牙。

如果熬煮温度过高，水分蒸发量过大。那么，糖果的含水量会偏低（5%～8%），冷却成形时，糖果的分子排列结构紧密，糖果会变得硬脆。当把这种硬糖果放入口中咀嚼时，伴随唾液的水分子进入糖果里，使糖果的分子结构发生膨胀，黏度和拉力增加，很容易产生粘牙的情况。

如果熬煮温度过低，水分蒸发量过小。那么，糖果的含水量会偏高（16%～18%），冷却成形时，糖果的分子排列结构疏松，糖果会变得疲软。糖果受热后会发软，甚至会粘连包装纸；如若放到嘴里也会粘牙。

所以，糖果之所以会有的粘牙，有的不粘牙，主要是与这种糖果生产时的工艺条件有关系，并不是其他原因造成的。

知识加油站

糖果家族

糖果可分为硬质糖果、硬质夹心糖果、乳脂糖果、凝胶糖果、抛光糖果、胶基糖果、充气糖果和压片糖果等。制糖的原料主要有甘蔗和甜菜。

为什么吃冰激凌不能解渴？

天津市岳阳道小学罗世文同学问：

夏天的时候，我特别爱吃冰激凌，但总觉得冰激凌没白水解渴，这是为什么呀？

问题关注指数：★★★★

炎炎的夏日，冰激凌成为许多人解渴的首选。但实际上，吃冰激凌根本不能解渴，反而会越吃越渴，这是为什么呢？

原来，冰激凌主要是由牛奶、鸡蛋、香料做成的，这些东西的主要成分是蛋白质。人体在消化蛋白质的时候，需要消耗大量的水分。当蛋白质被吸收以后，经过新陈代谢作用，最后变成了尿素。尿素是废物，必须排出体外。每排出5克尿素，就需要100克水。这样，尽管冰激凌中含有水分，但远不如被用掉的水分多，所以吃冰激凌虽然能降温，但不能解渴，反而会让人觉得更加口渴。

不过，有些冰棍是可以解渴的，尤其是那些含冰多的品种，而那些含糖和牛奶多的品种像冰激凌一样，也会越吃越渴。

世界上最早的冰激凌

早在古罗马帝国时，有位聪明的厨师从高山上取来未化的冰雪，用蜂蜜和水、果汁搅拌起来，给皇帝解暑驱热，这大概就是世界上最早的冰激凌了。到了13世纪，马可•波罗从中国把一种用水果和雪加上牛奶的冰食品配方带回意大利，这使得欧洲夏季的冷饮有了突破。但真正用奶油制作冰激凌的历史应该始于15世纪，距今已有600多年了。

为什么用剪刀可以剪下布来？

广东省普宁市流沙第一实验小学艺瑜问：

为什么用剪刀可以剪下布，而用锤子却砸不下来？

问题关注指数：★★

布看上去并不是很结实，但是用锤子砸、用手撕都很难弄开它，用剪刀可以轻易剪开它，真是一物降一物。

原来剪刀是人类发明的省力工具。剪刀是第一类杠杆，杠杆是最常使用的简单机械，支点在中间的杠杆叫第一类杠杆。例如：天平、起钉钳、钳子等。剪刀的铰链是支点，握紧剪刀把，就可以在铰链附近产生强大的剪切作用。

不同用途的剪刀的样子也不同：剪铁的剪刀把很长，剪刀头较短，这是由于铁片的阻力大，用力点离支点相对于阻力点到支点的距离越远，杠杆越省力。剪头发的剪刀把很短，因为头发很容易剪断，短把的剪刀则较灵活。

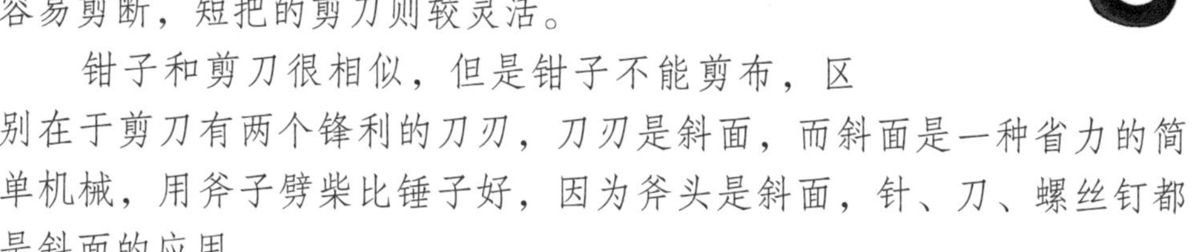

钳子和剪刀很相似，但是钳子不能剪布，区别在于剪刀有两个锋利的刀刃，刀刃是斜面，而斜面是一种省力的简单机械，用斧子劈柴比锤子好，因为斧头是斜面，针、刀、螺丝钉都是斜面的应用。

你也许没有想到，用剪刀剪布的时候，同时使用了两种简单机械，第一类杠杆把你手的力量放大；锋利的斜面刀口进一步加大了切割力量。在两种机械的作用下，手撕撕不开的布，轻松地一剪就开了，就是这个道理。

生活中常见的简单机械还有哪些？

凡是能够改变力的大小和方向的装置，统称“机械”。利用机械既可减轻体力劳动，又能提高工作效率。杠杆、滑轮、轮轴、斜面等都属于简单机械。

为什么圆的东西容易滚动？

广东省广州市惠福西路小学张皓琳同学问：

汽车的轮子是圆的，是因为圆的东西容易滚动吗？

问题关注指数：★★★

圆的东西容易滚动，这个问题似乎显而易见，但是真正回答起来却需要较多的物理知识。所以我们通过一个小实验，从能量的观点来分析一下。

需要准备两个纸盒，一个圆形的，一个方形的（大小、厚度和重量基本相等）。圆纸盒的重心在它的圆心上，方纸盒的重心在它两条对角线的交点上。用两支圆珠笔分别戳过它们的重心。

下面我们就要用圆珠笔描出它们滚动时重心移动的轨迹。在桌子上立起一张硬白卡纸。滚动纸盒时笔尖要靠近白卡纸，这样我们就在纸盒滚动的时候分别画出两条轨迹。

你会发现，圆纸盒的重心轨迹是一条直线，而方纸盒的重心轨迹是一条上下起伏的曲线。这说明方纸盒滚动时，重心上下不断振动，使物体的重心上升需要多耗费能量，重心下降的时候能量就损失了。这就是推动圆纸盒省力的原因所在。

开心小辞典

到处都有轮子

轮子是人类的一大发明，因为自然界中没有类似的东西。在轮子没有发明前，运输靠的是肩扛、人挑，后来由牲畜驮，但效率都很低，大大地限制了生产力的发展。发明了轮子后，人类就离不开轮子了。自行车、汽车都需要轮子，轮船、飞机也不能缺少轮子，工厂里、工地上到处都是轮子，就是许多家用电器里也少不了轮子。

为什么雨滴会斜斜地下来呢？

广东省广州市惠福西路小学黄美芳同学问：

下雨时，看到雨滴都是歪歪斜斜地飘落，这是为什么呀？

问题关注指数：★

下雨的时候，看到雨滴斜斜地落下来，有两种情况，一种是刮风的时候，沿着风的方向雨滴会斜着落下，另一种是坐在汽车里可以看到窗外雨滴斜着打在窗上。这些情况都是同一个原因：运动的合成。

下面来做一个实验研究运动的合成：

手持一个小球，然后松开手，让小球自由落下，在地球的引力下，小球会走一条直线垂直落下，此时小球只做一种运动。然后，在光滑的桌面上用手沿着水平方向推出一个小球，我们可以看到小球一面向前跑一面向下画出一条倾斜微微弯曲的曲线落在桌子的前面。此时小球同时参加了两个运动：一个是垂直下落，另一个是水平运动，物理上叫作平抛运动。刮风时，雨滴一面被风吹，一面自由下落，参加了两种运动，所以路线是倾斜的。

坐车的时候，我们看到窗外的东西都在向后运动，这是相对运动。因为我们相对汽车静止，认为车子是不动的。以汽车为标准，窗外的物体相对车子向后运动。在汽车里看雨滴，即使没有风的情况下，雨滴也参加了两种运动，一种是垂直向下，另一种是相对汽车向后的相对运动，两种运动合成的效果就使雨滴向后斜打在车窗上，汽车的速度越快，雨滴路径越斜。

哪辆车开了？

坐在停在车站的列车上，同向相邻的列车慢慢开动时，我们会感到自己的列车在向后退。坐船的时候也有类似的感觉，这就是相对运动。

为什么乒乓球掉到地上会弹起来？

山东省烟台市文化路小学丰雪梅同学问：

打乒乓球时，乒乓球掉到地上总会弹起来，这是为什么呢？

问题关注指数：★

乒乓球掉到地上为什么会弹起来？原因有两个，一个是，做乒乓球的材料是塑料，它质轻、弹性好、有强度、不易碎裂；另一个是，乒乓球是空心的，当乒乓球给了地面一个作用力时，地面也同时给了乒乓球一个反作用力，使它往上跳起来。乒乓球给地面的作用力越大，地面给乒乓球的反弹力也就越大。

但是，乒乓球从高处自由下落，又经过地板反弹后再跳起来的最大高度，为什么总是低于原来下落的高度？这是因为，当乒乓球与地面碰撞的瞬间，乒乓球和地面都发生了微小的形变，这时候乒乓球下落的动能全部转化成了球和地面的弹性势能。但在这个弹性势能再转化回球的动能时，有一部分损失了。所以球反弹时的动能小于它落地前瞬间的动能，乒乓球便越弹越低了；另外，乒乓球不论是下落还是反弹时，都要与空气接触而产生摩擦阻力。这种阻力导致了重力势能在转化成球的动能过程中，又增加了一部分损失。所以乒乓球弹起几次就没多大劲了。

乒乓球是中国发明的吗？

乒乓球是我国的国球，但是乒乓球并不是我国发明的，而是英国人发明的。乒乓球进入中国的时间一种说法是清朝光绪三十年（1904年），那时叫作桌上网球，从日本传入中国后，人们把它改称为乒乓球。

为什么钟表的表针都是按现在这样的方向旋转呢？

黑龙江省哈尔滨市育民小学李钥薇同学问：

钟表的表针为什么按现在这样的方向旋转，而不是相反呢？

问题关注指数：★★★

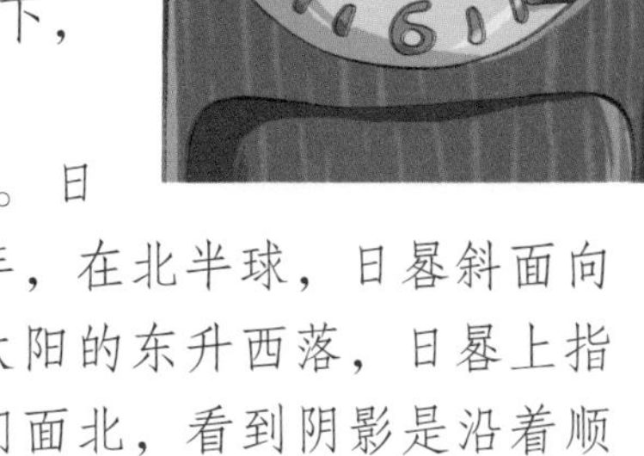

钟表的表针，从机械原理看，按什么方向转动都可以，那为什么是现在这样呢？这主要是因为习惯和使用的方便，具体来说有以下几点：

在北半球看太阳，习惯坐北朝南，太阳从你左边升起，经过你的头顶，从你的右边落下，太阳经过天空的运行轨迹是从左往右的。

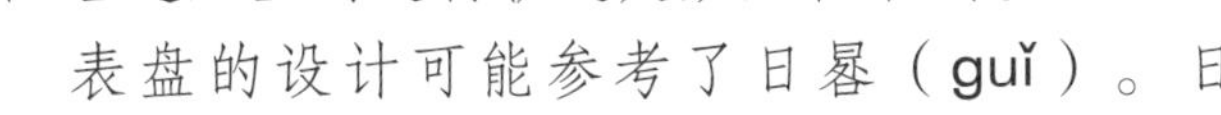

表盘的设计可能参考了日晷（guǐ）。日晷是古代的计时工具，出现在公元前4000年，在北半球，日晷斜面向南，太阳位于东方时，阴影指向西，随着太阳的东升西落，日晷上指示的阴影是自西向东转动，观察日晷时我们面北，看到阴影是沿着顺时针方向移动的。

发明机械表的科学家都是处于北半球，他们是不是受太阳运动或日晷的影响决定了时针的转向呢？近年来，位于南半球的澳大利亚的钟表设计师设计了“逆时针”指示的钟表，但没有被普遍采用。

还有一个可能是生理的原因：世界上习惯使用右手的人占90%，时钟可能是由“右撇子”发明的，观察“右撇子”的习惯动作，例如，用右手画圆，用右脚滑冰的动作等，会发现“右撇子”习惯于“顺时针”。

现在可以买到专供给“左撇子”用的逆时针钟表，但是我们右手人看起来非常别扭，时钟的“顺时针”作为一个文化传统已难以更改了。

几点钟方向是什么意思？

以自己所在的点为钟表表盘的圆心，正前方为12点钟方向，正后方为6点钟方向，正右方为3点钟方向，正左方为9点钟方向。你自己可以想想，1点钟、4点钟方向是什么方向。

加湿器是怎么让水变成水蒸气的？

甘肃省兰州市安西路小学缪春燕同学问：

冬天的时候，人们会用加湿器来增加室内空气的湿度，加湿器是怎么让水变成水蒸气的？

问题关注指数：★

加湿就是增加空气里水蒸气的含量，也就是把水分子从液态变成气态，这就是蒸发过程。如何加快水分子的蒸发呢？物理学告诉我们有三种方法：一是提高温度，温度越高水分子的运动速度越快，蒸发得越快；第二个办法是加大蒸发的面积，这样就会有较多的液体分子从液面逃逸出来变成气体分子；第三是加速空气的流动，空气流动可以带走液体表面的气体分子，防止气体分子再回到液体中。

给室内的空气加湿最简单的办法是把湿毛巾展开铺在暖气上，它可以满足上述的提高温度、增大面积两种方法。但是毛巾干了需要再弄湿，很不方便。目前常用的加湿器就是这个原理：用一个电加热器把水加热，用特制多孔的吸水纸把水吸起，再用风扇吹出来；还有的将水加热到100℃，产生蒸汽，用电机将蒸汽送出。上述这种直接蒸发型加湿器通常也被称为纯净型加湿器。

还有一种加湿器，叫超声波加湿器。采用每秒200万次的超声波高频振动，将水雾化为1～5微米的超微粒子，通过风扇，将水雾扩散到空气中，小水滴和空气的接触面积会增大几十万倍以上，因此可以迅速蒸发，使空气湿润。

水蒸气是白色的吗？

当水在壶中沸腾的时候，仔细观察壶嘴喷出的水汽：你会发现靠近壶嘴的地方是无色透明的，远离壶嘴有水雾的地方才是白色的。因为靠近壶嘴的是水蒸气，冷却后才变成白色的小水滴。结论是水蒸气是无色的，所以水雾不是水蒸气是小水滴。

为什么饮酒会醉人？

贵州省贵阳市北郊小学温文雅同学问：

经常看到有人喝酒喝醉了，为什么饮酒会醉人啊？

问题关注指数：★★

喝了过量酒的人会醉酒，这是什么原因呢？这与每个人的体质等方面有很大的关系。一般说来，人饮酒后，酒精可由胃、肠吸收，再通过血液送往肝脏中加以代谢。通常，人的肝脏内有两种生物酶，一种叫醇脱氢酶，另一种叫醛脱氢酶。在正常情况下，送入肝脏的酒精会源源不断地被这两种酶转化和分解。因此，人就不会产生醉酒现象。

但是，有的人因肝脏中存在的这两种生物酶比较少，或者饮酒过量，来不及分解，导致体内的乙醛量增多。这时候，饮酒者便会由于乙醛、乙醇的交叉作用，引起中枢神经呈现兴奋及抑制状态，出现脸红、心跳加快、头晕等征兆，进而造成醉酒。有的人因为体内分解酒精的能力强，饮酒就不易醉，有的人分解能力差，稍沾一点酒就会脸红、发热。

开心小辞典

醉鬼和镜子

两个醉鬼走在路上，其中一个看到路旁有一面镜子，便走过去捡了起来，对着镜子说："咦，这个人好面熟啊？"另一个走过来看了看说："笨蛋，你怎么连我都不认识了？"

为什么汗渍的衣服不能用热水洗？

广西壮族自治区桂林市东江小学李紫玉同学问：

夏天的衣服用冷水洗好些，还是用热水洗好些？

问题关注指数：★

夏天的时候，人们特别容易出汗，如果衣服沾上汗水，要立即洗才能洗净。那么，沾了汗水的衣服用凉水洗好呢，还是用热水洗好？

人体冒出的汗的成分绝大部分是水，占99%，余下的除了盐分外，还含有蛋白质、尿素、乳酸等有机物质。尽管这些固体物数量少，但是弄不好就会使衣服上汗渍斑斑，怪难看的。

衣服被汗水浸湿后，上述成分——特别是蛋白质、尿素、乳酸便沾在纤维上。如果先用凉水泡洗衣服，那些固体物可以慢慢地溶解在凉水里，不会产生别的变化。但是，如果把汗湿的衣服用热水去泡洗，虽然盐分很快就会溶解了，而蛋白质非但不会溶解，反而会发生变性，凝固在衣服上。而乳酸在加热的条件下便粘附在纤维上，发生化学反应，变成了乳酸亚铁——一种浅黄色的物质，于是就在衣服的某一处出现了非常难看的黄色痕迹（污垢）。这种痕迹如果不及时除去，就会越积越深，不容易被洗掉。

所以，用凉水洗汗湿的衣服要比用热水好。

探索飞船

人为什么会出汗？

人的汗液是由汗腺分泌出来的。一般情况下，仅有少数汗腺参加分泌活动，所排出的汗液也不多，不易被人觉察。但在非常炎热的情况下，每小时排汗量可达1.5升以上。汗液蒸发时，可以带走比较多的热量，具有调节体温的功能。汗液还可以使皮肤角质柔软，有滋润皮肤的作用。

为什么夏天人们多穿浅色衣服？

辽宁省葫芦岛市胜利小学陈冬梅同学问：

夏天的时候，人们穿的衣服多为白色或浅色，这是为什么？

问题关注指数：★

让我们先做一个小实验：找两只完全相同的玻璃杯，装上等量的水。一只杯子外面套上黑色纸套，另一只套上白色纸套。把两只杯子一同在太阳下面晒一两个小时，看看哪只杯子热得快。然后，把两只杯子里的水倒掉，等两只杯子的温度完全相同后，再往杯子里倒入温度相等的热水，分别套上两色纸套，再看看哪只杯子里的水先凉。

实验的结果是：套着黑色纸套的杯子热得快，凉得也快。两只杯子的差别就是纸套的颜色不同，是黑、白颜色影响着散热。物体向外散热有三种方式：蒸发、对流和辐射。显然，蒸发、对流两种散热方式跟黑、白无关，只有辐射受到黑、白的影响。地球从太阳获得能量主要是通过辐射。科学家发现黑色的东西容易接受辐射，也具有较强的向外辐射的能力，而白色的东西恰巧相反。所以，当太阳照在杯子上的时候，黑色的杯子吸收辐射热量的速度比白色的快，反过来，向外辐射散热的速度也快。

在夏天，人们喜欢穿白色的衣服，而冬天则爱穿深色的衣服，就是上述的道理。下雪后，脏了的雪容易融化，而洁白的雪却能保持较长的时间，也是这个原因。

知识加油站

古人的智慧

北魏农学家贾思勰（xié）在《齐民要术》里讲道：当霜冻要来时，在田间烧柴熏烟，让缭绕的烟雾笼罩大地，就像给农作物盖上一层大棉被，保护地表的温度，防止水汽凝结成霜。

为什么速干衣干得很快？

广西壮族自治区桂林市育才小学刘志远同学问：

参加户外运动时，许多人穿速干衣，因为它干得快，这是为什么呀？

问题关注指数：★★★

速干衣是许多户外运动者的最爱。速干衣顾名思义就是干得比较快的衣服，一般的速干衣的干燥速度比棉织物要快50%。

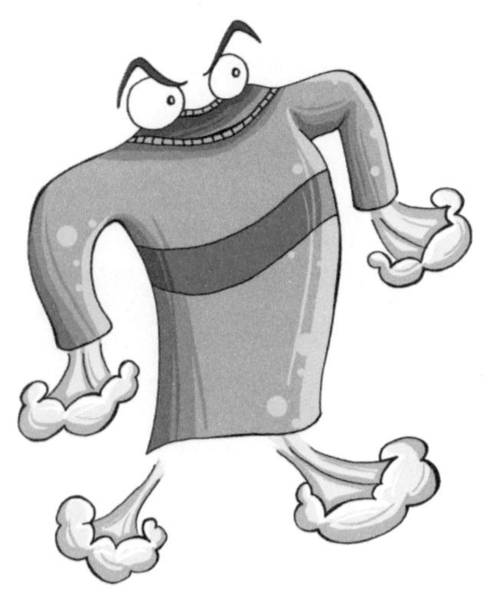

速干衣为什么会这么神奇，难道它的材料很特别？其实速干衣大多数是由化纤面料制造而成，只是由于加工技术的不同，使其拥有了普通衣物不具备的种种神奇的功效。

速干衣的主要功能是快速排汗，它并不是把汗水吸收，而是将汗水迅速地转移到衣服的表面，通过空气流通将汗水蒸发，从而达到速干的目的，一般情况下，背上的汗水可以在20分钟内就能完全干燥。如果穿着普通运动装，锻炼出汗后立刻转入休息状态，会因为衣服被汗湿，使人体不适应温度的变化而生病。而速干衣可以散湿且保暖性好，有利于保持皮肤干燥清爽。

特别要提醒的是，做户外运动时，速干衣还能在防风防雨防湿方面发挥更好的作用。即使全部淋湿，速干衣只用半个小时就可以变干了。

化纤衣料

化纤衣料非常漂亮，不仅结实耐磨、颜色艳丽、不易褪色，而且非常平整，不易走形，受自然环境影响较少。由于化纤衣料产量大、成本低、价格便宜，所以仍是现在人们穿着的主要面料，许多速干衣也以其为主要面料。

为什么毛巾特别容易吸水？

四川省成都市锦官新城小学钱明谖（xuān）同学问：

洗脸时用的毛巾一放到水里，马上会吸满了水，这是什么缘故呢？

问题关注指数：★★

我们把一根很细的透明塑料管插入一杯水中，仔细观察会发现，吸管里的液面比杯子里的水面要高一些。是什么神秘的力量把管内的液面提起来了呢？

这个神秘的力量就来自管子和液体分子之间的作用力，也叫附着力。当附着力大于液体内部分子引力的时候，附着力就会向上拉起液体。例如，玻璃、塑料的附着力大于水分子之间的引力，所以插入水中的玻璃管里的液面会上升。

这种现象只发生在液体中的管子很细的时候，因为管子越细，附着力的合力越大，就像两个同学同时提一个行李，人离得越近，合力越大，反过来两个人相距一臂之远，就费劲，因为合力小。我们把这些细管叫毛细管，把这种物理现象叫毛细现象。

毛巾特别容易吸水也是这个原因。我们可以拿一块布料和一条毛巾来对照一下。布料的表面是平织的，有经纬线相交，织得比较紧密。而毛巾的表面是蓬起的，每织一针，就向外拉出一个小圆圈，织得比较稀松。这样便在毛巾中形成了无法计数的毛细管，毛巾也就特别容易吸水了。

锄松土壤

土壤里也充满了毛细管，压实土壤时，毛细管增多，土壤下面的水被吸上来，会大量损失土地的水分；反过来，锄松土壤则可以保护土壤里的水分，抗旱保苗。

雪花为什么是白色的？

黑龙江省齐齐哈尔市东方红小学吴继彬同学问：

冬天下雪后，大地变成白茫茫的一片，雪花为什么是白色的？

问题关注指数：★

在显微镜下，我们可以看到：雪花是由无数个小冰晶排列而成的，呈六角形状，结构十分复杂，像一簇簇的花朵，俗称雪花。

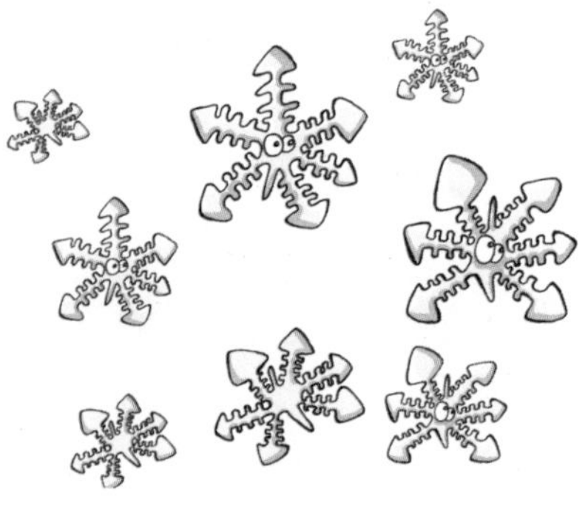

冰是透明的，雪花怎么看上去是白色的呢？

把冰或玻璃等透明的物质打碎了，都会变成白色。原因是透明的物质可以透过光线，也反射部分光线。碎了的冰会产生许多反射断面，使反射的光强增加。

当一束光线射到雪花的表面时，会产生一系列的透射、反射和折射。与此同时，在各个方向上的小冰晶表面也会对光产生一系列的透射、反射和折射。这样层层叠叠地加在一起，便形成了一片白色的散射光。这样，雪花在我们的眼里便是白色的了。

下雪时，周围非常安静，即使我们大声喊，声音也传不远。原因是小冰晶又小又轻，在空气阻力的作用下，下落速度很慢，因此落地无声；更重要的是雪很蓬松，本身是一种良好的消音器，雪冰晶内有大量的空洞，声波进入到空洞后，在空洞的内壁反复反射，就像进入到迷宫里一样出不来，所以声音被吸收了。

白色的浪花

浪花主要是由泡沫和一些小水珠组成，泡沫的表面是水膜，小水珠就像一些小棱镜；当光线照在泡沫和水珠上时，会在它们的表面发生反射和折射。折射到泡沫和水珠内的光线，射出时会碰到周围的泡沫和水珠的表面，又将发生反射和折射……最终光线经过多次折射和反射后，从各个不同的方向反射出来。所以在日光下浪花呈白色。

为什么胶水能粘东西？

上海市实验小学孙国明同学问：

我的运动鞋开口后，修鞋处的师傅用胶水一粘就修好了，为什么胶水能粘东西？

问题关注指数：★★

胶水这个名称来源于法语和拉丁语，意思是“粘合起来”。实际上，凡是能够把两种物体粘连在一起的浓稠液体，都可以称为胶水。最早的胶水是用动物的骨头和皮熬炼而成的。现在，则绝大多数是用水溶性高分子化合物和水配制而成。胶水的品种很多，不同的胶水成分也不同。少年朋友经常接触到的胶水，主要有502胶水、环氧树脂、玻璃胶等。

胶水为什么能粘东西呢？就是依靠胶水中的高分子之间的拉力来实现的。在胶水中，水就是高分子的载体，水载着高分子慢慢地浸入到物体的组织内。当胶水中的水分蒸发消失后，胶水中的高分子就依靠相互间的拉力，将两个物体紧紧地黏合在一起。

在胶水的使用中，涂胶量过多就会使胶水中的高分子相互拥挤在一起，高分子之间产生不了很好的拉力，从而形成不了相互间最强的吸引力。同时，高分子之间的水分也不容易蒸发掉。这就是为什么在黏合过程中“胶膜越厚，胶水的粘合力就越差”的原因。涂胶量过多，胶水起到的是“填充作用”而不是粘合作用。

502胶水

502胶水是我们常用的一种胶水，广泛用于钢铁、有色金属、非金属陶瓷、玻璃、木材及柔性材料橡胶制品、皮鞋、塑胶等自身或相互间的黏合，其具有使用方便、黏合效果佳等特点。

为什么玻璃很硬但容易碎？

云南省昆明市求实小学臧馨丽同学问：

玻璃摸上去很硬，却很容易破碎，这是为什么呢？

问题关注指数：★★★

一般地说，玻璃的性质取决于生产玻璃所用的原料和方法。玻璃的主要原料有石英砂（二氧化硅）、纯碱、石灰石、长石等，它们首先经过粉碎，然后进行高温加热熔融，生成符合成型要求的液态玻璃。最后是成型（将液态玻璃加工成所要求形状的制品，如平板、各种玻璃器皿等）、热处理（通过退火、淬火等）而完成。普通玻璃是二氧化硅、硅酸钠、硅酸钙的混合物，特种玻璃可以是纯二氧化硅，或普通玻璃里加入铅、硼、铷等元素。

由此可知，通过以上工艺加工使二氧化硅与其他的金属氧化物（氧化钠、氧化钾、氧化钙）相互结合生成坚硬的硅酸盐（化学结合力强）和形成网状的氧化物，这就是玻璃坚硬的内在原因。普通的玻璃之所以发脆，是因为玻璃是非晶体态，没有固定的熔点，只有一个软化的温度范围。实际上，玻璃冷却时仍保留液态的分子结构，玻璃的网状结构只具有单层性，分子结构排列松散，每层之间的化学结合力比较小,没有抵抗力，一旦受到外力冲击就四分五裂了。而水晶是结晶状态，几何形状规则，结构稳定，所以就不易破损了。

开心小辞典

微晶玻璃

微晶玻璃在生产的过程中，加入了一种特殊的材料，使它具有和陶瓷相似的结构，不但坚固异常，而且还很耐磨、耐高温，很难打碎。

橡胶工人为什么一定要在晚上割胶？

海南省海口市文明小学钟字仁同学问：

橡胶工人为什么要在晚上割胶，是怕热吗？

问题关注指数：★★

橡胶有很广泛的用途，如制飞机、汽车的轮胎，做胶鞋、乒乓球拍等。橡胶分为天然橡胶、合成橡胶两大类。天然橡胶的性能优良，合成橡胶是人工合成的高弹性的化学聚合物。

天然橡胶原料是从橡胶树中采集来的胶液。橡胶树原产南美洲的巴西，这种树叫作巴西三叶橡胶树，生长在热带、亚热带。这种树必须经过白天一整天的太阳光的照射，通过叶绿素发生了光合作用，才能使树茎中的导管内多种元素发生化学反应，生成以橡胶烃为主要成分组合而成的橡胶液。因此，白天橡胶树内几乎没有多少胶液。到了次日凌晨两三点钟的时候，导管内的胶液才会充满，于是便依靠“内压力”把胶液沿着树干的螺旋形切割口，一滴一滴地挤出来，顺势流进下边的胶碗里。当碗里的胶液快要盛满时，橡胶工人便拿胶桶过来收集。直到东方露出了鱼肚色，树内的胶液才慢慢地流完。太阳出来了，胶液也流尽了。

过去曾有报纸杂志载文解释说，橡胶工人必须要在晚上割胶、白天不能干活的原因是：橡胶怕热，白天不流动；晚上天气比较凉，胶液才能流出。这个说法是缺乏科学根据的。

光合作用

在太阳光的照射下，空气中的二氧化碳和水，借助植物叶绿素的帮助，吸收光能而合成为碳水化合物的过程，便叫作光合作用。

为什么热水瓶能够保温？

宁夏回族自治区银川市第二十一小学贺国红同学问：

妈妈烧开水后，会灌进热水瓶保温。请问，为什么热水瓶能够保温？

问题关注指数：★

开水灌入热水瓶之后，一般可以保温24小时。为什么能够这样呢？这跟热水瓶的结构和性能有很大的关系。

热的传递方式有三种：热对流、热传导、热辐射。热的对流主要发生在液体和气体之中，热流上升，冷流下降，通过不断循环达到动态平衡；热的传导发生在热的导体上，热从高温的一端向低温的一端传导；热的辐射是通过辐射的方式向低温处传热。但暖水瓶因其特殊的结构，使得原本传热的三种方式都变得缓慢。

热水瓶除了外壳外，主要的内胆是由两层玻璃吹制而成的。同时，在玻璃上还喷涂了薄薄的一层银膜。其保温的秘密就在这里。由于瓶胆两层玻璃中间的空气被抽掉，形成了真空。因此，把空气传热的渠道切断了。瓶胆内开水的热量，不能向外传递。加上瓶胆玻璃上的银膜，把辐射出去的热量反射回来。于是，辐射热量又被推挡回去。还有就是热水瓶口加有一个软木塞子，它把热量锁在瓶胆内，这样就把对流传热的道堵死了。

热水瓶瓶胆内的响声大就说明质量好？

过去买热水瓶时，人们常把瓶口对准耳朵，认为听到的响声越大热水瓶就越好。有人说："热水瓶嗡嗡响，响声越响越保暖。"其实，热水瓶胆内的响声，是因为瓶胆内的空气跟周围的声音共振而造成的，跟热水瓶的质量好不好关系不大。

为什么新的干电池与旧的干电池不能混用？

北京市北京大学附属小学赵成龙同学问：

旧电池还有一些电，能把它与新电池一起混用吗？

问题关注指数：★★

干电池是我们日常生活中常用的一种电池，它把化学能变成电能。新的干电池的电压、电能是一定的，使用一段时间之后，电能被逐渐地消耗，减少了，输出的电压慢慢降低，这时就不能继续使用，变成了废电池。要注意，废电池中不仅没有多少电能，而且内阻反倒比以前大大地增加了。

如果把新的干电池与废旧的干电池混在一起使用，由于两者的电压不同，废旧电池不仅不能够供给电能，反而成为一个电阻，还要消耗新电池的电能。这样一来，若把新旧干电池混在一起使用，其结果是既达不到节省的目的，还会使新电池更快地变成废电池。遇到这种情况，正确的做法是，把废旧电池送入专门的电池回收箱里，同时更换一组新的干电池。将电压相同或相近的新电池一起使用，这样做更好一些。

另外，干电池都有自放电这一令人讨厌的缺点。自放电除与电池的内在因素有关外，还与环境温度、湿度有关； 超过一定的储存期后，即使没有使用，由于自放电，电池的性能也会大为降低。

废旧电池别乱扔

废旧电池内含有大量的重金属以及废酸、废碱等电解质溶液。如果随意丢弃，腐烂的电池会污染我们的水源，侵蚀我们赖以生存的土地和庄稼。所以我们一定要将使用后的废旧电池进行回收再利用，这样一来可以防止污染环境，二来可以对其中有用的成分进行再利用，节约资源。

冬天为什么容易产生静电？

河北省唐山市八里庄小学徐国辉同学问：

冬天，穿脱毛衣的时候，经常会产生静电，这是为什么？

问题关注指数：★

冬天，晚上脱衣服睡觉时，黑暗中常听到“噼啪”的声响，而且还伴有电火花；有时与人见面握手时，手指刚一接触到对方，就会感到指尖针刺般疼痛；早上梳头时，头发常会“飘”起来；拉门把手、开水龙头时都会“触电”。原来，这些都是静电捣的鬼。

两种不同的物体相互摩擦可以起电，干燥的空气与衣物摩擦也会起电。摩擦起的电在能导电的物体上可迅速流动传失，而在不导电的绝缘体如化纤、毛织物等物体上就静止不动形成静电，并聚集起来，当达到一定的电压时就产生放电现象，发出“噼啪”的响声和火花。

冬天，由于空气湿度小,天气干燥、水分子少，人们与化学纤维质地的内衣、地毯、坐垫和墙纸等接触摩擦后，身体会积累静电。人的身上和周围带有很高的静电电压，而电器设备本身产生的静电也使空气中存在着空间静电。据专业机构测算，在室内走动可能产生6000伏的电压，屁股在椅子上一蹭会产生1800伏以上的电压，而听到噼啪声时已有上万伏的电压了。这么高的电压是不是很危险呢？不要害怕，静电电压虽高，但摩擦生电的时间极短，所以电流就很小，只会有针刺般的电击感，一般不会对人造成生命危险。

知识加油站

如何防止静电发生

首先室内要保持一定的湿度，可勤拖地、勤洒水，或用加湿器加湿。另外，要勤洗澡、勤换衣服，以消除人体表面积聚的静电荷。还有，贴身内衣最好选择柔软的棉织品，棉织品吸湿性和保暖性良好，减少静电生成。

为什么灯丝断了接上后还能亮，但用不长？

陕西省西安市何家村小学何钰榕同学问：

灯泡的灯丝断了接上后还能亮，但是用不了多长时间，这是为什么？

问题关注指数：★★★

电灯泡里有一个金属架和电极连接，金属架的上面连接着细细的卷成圈的金属丝，这是钨丝，拉直可达到1米，它能耐高温，通电以后钨丝被烧得炽热，发出白光。

灯泡用久了，或受到强烈的振动，灯丝会断掉，有人会设法把灯丝再搭起来使用。应该说，这不是一个安全的好办法，因为搭起来的灯丝比原来的短，电阻小，所以通过灯丝的电流加大，灯泡更亮了，但是灯丝很快就会重新烧断。因为电流超过设计的功率，所以是不安全的。

提倡用节能灯

现在，世界上有些国家已经停止使用白炽灯，提倡使用节能灯。这是因为白炽灯的灯丝温度高达2000℃，炽热的灯丝产生了光辐射，使电灯发出了明亮的光芒，但是发热也浪费了大量的能量。节能灯发热不高，光效高，7瓦的三基色节能灯的照度基本上相当于40瓦白炽灯的照度。节能灯的平均寿命在5000～8000小时以上，而白炽灯的平均寿命只有1000小时左右。

使用节能灯最好不要反复开关，因为开灯时灯丝两端的电压会增加1倍以上，电流也比正常的高，影响灯泡的寿命。

手机为什么能打电话？

江苏省徐州市矿大附小杜丽珍同学问：

手机已经成为人们联系的重要通信工具，手机为什么能打电话？

问题关注指数：★★★★

在电影《英雄儿女》里，英雄王成在战场上背负着沉重的无线电台，向指挥部呼叫“向我开炮！”的场景给每一个观众留下深刻的印象。手机也是一个移动无线电台，它们之间有什么区别呢？

王成的电台体积大、功率大但发射距离近，而手机相反，体积小、功率小却可以打到世界任何一个地方，这是为什么？

原来手机使用了“接力传输”，方法是将移动电话服务区划分成许多形似蜂窝的正六边形小区，称为“蜂窝”网。在每个蜂窝里建一个基站。基站也是一个无线电台，担任接力任务，在街上我们可以找到房顶上高高的基站天线。手机先把声音转换为数字信号发射到基站，当你的呼叫范围超出基站覆盖的蜂窝时，基站便与相邻的基站联系，一个接一个，一直到天涯海角，接通为止。

“蜂窝”网还有一个优点：相距较远的蜂窝可以使用同一个频率，因为手机的发射功率很小，电波作用范围有限不会互相干扰，就像同名同姓的同学被分在不同的班级不会引起混淆一样，从而节约了宝贵的频率资源。

开心小辞典

手机的辐射

当人们使用手机时，手机会向发射基站传送无线电波，而无线电波或多或少地会被人体吸收，这些电波就是手机辐射。一般来说，手机待机时辐射较小，通话时辐射大一些，而在手机号码已经拨出尚未接通时，辐射最大。这时的辐射对人体健康会造成不利影响。所以手机刚要接通时，不要急于靠近头部，过一会儿再接听，还有尽量不要用手机聊天，睡觉时，手机也不要放在枕头旁。

那么多人同时打手机为什么不互相干扰？

上海市闸北实验小学薛丽萍同学问：

我经常在街上看到许多人同时打电话，为什么相互间不干扰？

问题关注指数：★★★

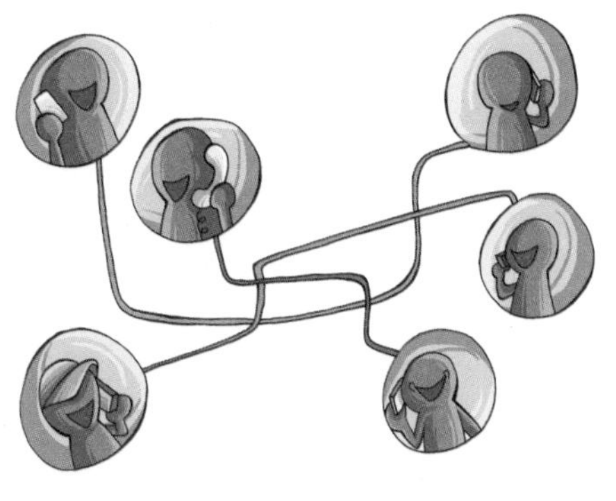

手机的发展经过了三代：模拟移动通信是第一代，叫大哥大，只能用于语音的传送；数字移动通信是第二代，增加了接收数据的功能；而第三代移动通信称为3G，它不仅能通话，而且能与因特网的多媒体相结合，提供网页浏览、电话会议、电子商务等多种信息服务，这都归功于采用许多新技术。最关键的技术是挖掘频率资源，因为无线电频率资源是有限的。例如，820千赫是北京人民广播电台的频率，你不可以使用这个频率，因为会形成干扰，国家法律不允许。我们国家有几亿人在使用手机，怎样才能互相不干扰呢？科学家想出许多巧妙的办法。

第一步是细分频率：打个比方说，饭厅的大小是一定的，如果把大桌子分割成小桌子，便可供更多的人用餐，这种方法叫“频分多址”，在同样的频道里可以供几十个手机同时通话就是这个原理。

后来又发明了“时分多址”的新方法，这个方法是把本来供一个手机用的频率再让几个手机分时轮流使用，就像几个人依次轮流共用一张小桌子同时进餐。每个手机在0.24秒内就有一次使用机会，这只是一眨眼的工夫，所以使用手机的人感觉不出跟别人共用。

这样，使用手机通话时就不会相互干扰了。

你知道吗？

假如一组频率可重复使用6次，原本300个频道只能供300个用户同时通话，现在却可同时供1800个用户同时通话了。

磁悬浮列车的速度为什么那么快？

上海市复兴路三小孙雪梅同学问：

我听说磁悬浮列车能“飘”起来，跑得特别快，是真的吗？

问题关注指数：★★

在上海，有一条磁悬浮铁路，列车可以悬浮在铁轨上，与轨道保持1厘米左右的高度，飞速向前行驶，就像超低空飞行似的。

这种列车为什么能“飞”起来呢？

原来，磁悬浮列车开动起来后，并不像普通列车那样车轮与铁轨接触，它是靠铁轨、车厢通电后产生磁极，利用磁极“同性相斥、异性相吸”的原理，使列车悬浮起来，高速行驶。由于磁悬浮列车是浮在空中，导轨与机车之间并不接触，所以其几乎没有轮、轨之间的摩擦，运行速度快，时速能超过500千米，且运行平稳、舒适，易于实现自动控制。磁悬浮列车安全性好、维修简便、成本低，其能源消耗仅是汽车的一半、飞机的四分之一；噪声小，当磁悬浮列车时速达300千米以上时，噪声只有65分贝，仅相当于一个人大声地说话，比汽车驶过的声音还小；由于它以电为动力，在轨道沿线不会排放废气，无污染，是一种名副其实的绿色交通工具。

世界上第一条实用的磁悬浮铁路

上海的磁悬浮铁路是世界上第一条达到实用的磁悬浮铁路线路。它西起上海地铁二号线龙阳路车站，东到浦东国际机场，全程30千米仅需8分钟就可以抵达。与普通轮轨列车相比，磁悬浮列车具有低噪声、低能耗、无污染、安全舒适和高速高效的特点。

X光为什么能看见身体里面的东西？

北京市芳草地小学吴子宇同学问：

医院经常会通过照X光片来确定一些病症，X光为什么能看见身体里面的东西？

问题关注指数：★★★

1895年，物理学家伦琴发现了一种人眼看不见的射线，发现它有许多奇妙的性质，由于当时人们不知道这种射线的本质，就把它叫X射线，后来为了纪念发现它的科学家伦琴，也把它称为伦琴射线。

X射线虽然肉眼看不见，但是可以让许多物质发光，也能使照相底片感光，所以可以间接观察到。最引人注意的是它的穿透本领很强，因此X射线很快就被用到医学上了。

X射线可以看到人体的骨骼是由于骨骼对X射线的吸收比皮肤、肌肉吸收的多得多，因此在照相底片上留下了影像。各种软组织对X射线的吸收程度不同，所以也能看出某些软组织的细节。

在检查肠胃时，常让被检查者服用一种黏稠的白色药物硫酸钡，因为它对于X射线不透明，所以通过它的影子可以看到肠胃里有没有长了不该有的东西。

知识加油站

X射线

X射线对人体有一定的伤害，必须做X光检查时一定要做好防护。

CT用的射线也是X射线，它的优点是可以旋转，从多个角度探察人体内部。如果一个东西躲在骨头的后面，也可以被看到，就像要发现一个躲在树后面的同学，树干虽然遮住了他，你只需要偏一下头或移动一下身体就可以发现他一样。机场的安检也使用类似CT的装置进行扫描，来查明有无可疑物体。

为什么海水是咸的？

河北省秦皇岛市建设路小学苏彤彤同学问：

在海边游泳时，入口的海水咸咸的，这是为什么？

问题关注指数：★

海水之所以是咸的，是因为它含有很多的盐分。海水中含有各种盐类，其中90%左右是氯化钠，也就是食盐。另外还含有氯化镁、硫酸镁、碳酸镁及含钾、碘、钠、溴等各种元素的其他盐类。因此，含盐类比重很大的海水喝起来就又咸又苦了。

这么多盐是怎样跑到海水中来的呢？原来在很早很早以前，海水和江河的水一样也是淡水。由于地球上的水总是不停地运动、不断地循环，每年从海洋表面蒸发掉的水分就有1.25亿吨之多。这么多的水又会变成雨，降落到陆地上的每一个角落。雨水冲刷土壤、破坏岩石，把土壤、岩石中的可溶性物质（绝大部分是盐类）带入江河里，最后是“百川归大海”，水再一次返回到海洋。随之，盐分也来到海洋。这样一来，陆地上的盐分源源不断地被送到海洋里。而在海水蒸发过程中，这些盐分却不能随水蒸气升空。周而复始，日积月累，海洋中的盐分便越积越多，海水就变咸了。

探索飞船

为什么海水不能直接喝？

海水中含有大量盐类和多种元素，其中许多元素是人体所需要的。但海水中各种物质浓度太高，远远超过饮用水卫生标准，如果大量饮用，会导致某些元素过量进入人体，影响人体正常的生理功能，严重的还会引起中毒。

据统计，在海上遇难的人员中，饮海水的人比不饮海水的人死亡率高12倍。这是为什么呢？原来，人体为了要排出100克海水中含有的盐类，就要排出150克左右的水分。所以，饮用了海水的人不仅补充不到人体需要的水分，反而加快脱水，造成死亡。

人躺在死海里为什么能自己漂起来？

陕西省西安市何家村小学李博同学问：

看一篇文章说，躺在死海里，人能自己漂起来，是真的吗？

问题关注指数：★★★

死海位于以色列、约旦和巴勒斯坦之间，是一个咸水湖，没有出口。由于当地气候炎热、干燥，湖水大量蒸发，死海从河流的进水量与蒸发量几乎相等，长年累月，大量随着河水流到湖中的矿物质沉积下来，越积越多，造成湖水含盐量高得惊人，死海里的水含盐量可以高达230‰～250‰。而普通海水平均含盐量只有35‰，大约是死海的1/10。

让我们做个小实验，了解一下盐水的浓度对浮力的影响：把一个鸡蛋放在淡水里，鸡蛋是沉底的，往水里慢慢加盐。用手指轻托一下鸡蛋，看看鸡蛋能不能在水里漂起来，如果鸡蛋可以停留在水里的任何位置，此时鸡蛋受到的重力恰巧等于浮力，再加一点盐，鸡蛋便会浮到水面。实验的结论是：浮力跟盐水的密度有关，当盐水的密度大于鸡蛋的密度时，鸡蛋就会浮起来。

死海海水含盐量比普通海水大得多。所以在死海中人不仅能漂浮，而且身体还可以露出1/3。

知识加油站

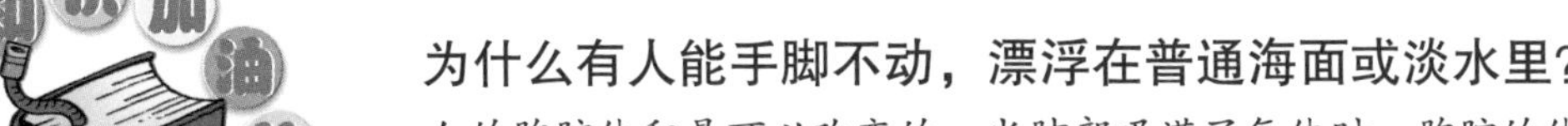

为什么有人能手脚不动，漂浮在普通海面或淡水里？

人的胸腔体积是可以改变的，当肺部吸满了气体时，胸腔的体积增大，在水里就可以获得较大的浮力，此时人体就会漂在水中。如果呼出气体，胸腔的体积减小，人体受到的浮力小于重力，就会下沉。

万吨轮船在海面上为什么不会沉下去？

山东省烟台市文化路小学郭丽茹同学问：

万吨轮船那么沉还要载货，为什么在海面上航行不会沉下去啊？

问题关注指数：★★★

现代的大轮船都是用钢材制造的，钢比水重得多，船里所载的货物如粮食、机器、建筑器材等也都比水重得多，为什么船载了这么重的东西还能漂浮在水上呢？

我们可以做个实验：把一张展开的牙膏皮放在水里，它会沉下去，如果把它做成一个盒子，重量没有改变，却能漂浮在水上。不仅如此，在盒子里再装一些东西，虽然盒子会下沉一些，但仍能漂浮在水面上。

原来，浸入水里的物体四面八方都要受到水的压力，它前后两面所受的压力大小相等，方向相反，相互抵消了；左右两面的压力也同样相互抵消了。但是上下的压力不同。我们知道，液体的压力是随着深度增加的，物体底部受到的压力比顶部的大，这就是浮力产生的原因。实验中盒子的体积比牙膏皮大得多，排开水的重量也大得多，所得的浮力也大多了，所以盒子里装了东西还能浮在水面上。

大轮船能浮在水上的道理也是一样的，船越大，吃水越深，就意味着船所排开水的重量越大，船所得的浮力也越大，当然也就可以装载更多的东西。

明朝的郑和宝船

郑和航海宝船共63艘，最大的长148米，宽60米，是当时世界上最大的海船。船有四层，船上9桅可挂12张帆，锚重有几千斤，要动用两三百人才能起航。

轮船为什么没有轮子？

辽宁省大连市五四路小学孙国庆同学问：

在码头，经常看到轮船进港出港，可是，轮船为什么没有轮子啊？

问题关注指数：★★★

帆船依靠风力航行，龙舟依靠人力划行，巨大的轮船要依靠蒸汽机或内燃机提供的动力才能航行。奇怪的是，轮船没有轮子，人们为什么把它叫轮船呢？

原来，轮船刚刚诞生时，确实是有轮子的。1807年，美国青年富尔顿发明了轮船，名字叫“克鲁蒙特号”。这艘船的两侧装有两只大轮子，轮子的大部分露在水面上，用蒸汽机带着它们转动，推动船只前进。当这艘既不用桨、又不用帆的大船在哈德逊河上行驶的时候，河岸上挤满了好奇的观众。人们当时就把这种装有轮子的船舶叫作“轮船”。后来，有人又发明了螺旋桨，把它装在船尾上，让蒸汽机带动它在水里高速旋转，推动船只航行。

后来，人们把轮船两侧的大轮子去掉，改成了用船尾下的螺旋桨推进，所以就看不到轮船的轮子了，只是人们还是习惯叫它们“轮船”。

“泰坦尼克号”邮轮

“泰坦尼克号”邮轮，是20世纪初最大的豪华客轮。1912年4月，“泰坦尼克号”从英国南安普敦出发做第一次远航，目的地为美国纽约。结果在航行途中，撞上冰山，船裂成两半后沉入大西洋，船上1500多人丧生。“泰坦尼克号”海难为和平时期死伤人数最惨重的海难之一。

造好的船舶是如何下水的？

辽宁省大连市中山路小学王明国同学问：

造船厂里万吨巨轮造好后是如何下水的呀？

问题关注指数：★★★

船舶下水是船舶修造中将船舶从船台、船坞等岸上建造设施上移到水域的过程。按下水原理分为三大类。

重力式下水：依靠船舶自身重力在倾斜的滑道上产生的下滑力，并借助一定的下水设备将船舶滑移到水域。

漂浮式下水：依靠下水设施（如船坞），使船体外部水位升高，将船舶就地浮起而移入水域。

机械式下水：用某种机械设备（如下水车）将船舶从建造区域移到水域。

按下水方式则可具体分为涂油滑道下水、钢珠滑道下水、气囊下水、船坞下水、漂墩下水、纵向下水、横向下水、起升机械下水等。

下潜深度最深的战斗潜艇

潜艇是水下作战的舰艇。它们潜藏在大洋下，可以出其不意地对敌舰发起攻击，所以人们称它们是“水下伏兵”。

潜艇的下潜深度受到材料、艇体结构的限制，一般不超过500米，如果超过，潜艇的外壳就会被海水的巨大压力压破。俄罗斯的潜艇为了突破这个禁区，采用钛合金做艇壳，潜艇的外形采用了最佳设计方案，使潜艇的下潜深度达到９００米，成为世界上下潜深度最深的战斗潜艇。

为什么破冰船能破冰？

黑龙江省齐齐哈尔市人民小学钱丽霞同学问：

冬天的时候，破冰船常常被用来破除上冻的冰面，为什么破冰船能破冰？

问题关注指数：★★★

每当冬季来到严寒降临，北方的港湾和河面、海面常常会冰封，使航道阻塞。为了便于船舶出入港口，往往要用破冰船进行破冰。

破冰船为什么能破冰呢？这是因为：它的船体结构特别坚实，船壳钢板比一般船舶厚得多；船宽体胖上身小，便于在冰层中开出较宽的航道；船身短，因而进退和变换方向灵活，操纵性好；吃水深，可以破碎较厚的冰层；马力大、航速高，这样向冰层猛冲时，冲击力大；它的船头造成折线型，使头部底线与水平线成20～35度角，船头可以“爬”到冰面上；它的船头、船尾和船腹两侧，都备有很大的水舱，作为破冰设备。

破冰船一般常用两种破冰方法，当冰层不超过1.5米厚时，多采用“连续式”破冰法。主要靠船尾螺旋桨推进的力量和坚固的船头把冰层劈开撞碎。如果冰层较厚，则采用“冲撞式”破冰法。破冰船船头部位吃水浅，会轻而易举地冲到冰面上去，沉重的船体就会把下面厚厚的冰层压碎。然后破冰船倒退一段距离，再开足马力冲上前面的冰层，把船下的冰层压碎。如此反复，就开出了新的航道。

破冰船被冰层夹住怎么办

破冰船被冰层夹住后，怎么办呢？这就要用摇摆的方法把破冰船从倔强的冰围中解脱出来。

为了使破冰船能够自己摇摆，在船中部沿着两舷设置了摇摆水舱。当破冰船让冰夹住以后，只要很快地将一侧船舷的水舱充满海水，船就侧向一边，抽水入另一舷的水舱，放出前水舱的水，船又侧向相反的一边。这样来回抽水、放水，破冰船就左右摇摆，再开足马力，船就不难退出冰面了。

船舶为什么总是逆水靠岸？

山东省日照市金海岸小学苏美玉同学问：

船舶是怎么靠岸的呢？

问题关注指数：★★★

如果你乘轮船，就会发现一个很有趣的现象：每当轮船要靠岸的时候，总是要把船头顶着流水，慢慢地向码头斜渡，然后再平稳地靠岸。江水越急，这种现象越明显。你可以注意一下：在长江或其他大河里顺流而下的船只，当它们到岸时，却不立刻靠岸，都要绕一个大圈子，使船逆着水流方向行驶以后，才慢慢地靠岸。

这里有个简单的算术题，你不妨做一做：假若水流的速度是每小时3千米，船要靠岸时，发动机已经停了，它的速度是每小时4千米，这时候要是顺水，这只船每小时走几千米？要是逆水呢？你也许脱口就可以把上面的题目答出来，那就是：顺流时，每小时船行7千米；逆流时，每小时船行1千米。既然目的是要使船停下来，究竟哪种情况容易停下来呢？当然是逆水，船速越慢越容易停靠。

这样看来，使轮船逆水靠近码头，就可以利用水流对船身的阻力而起一部分"刹车"作用。

轮船有"刹车"设备吗？

自行车有车闸，汽车和火车也有刹车，可是你知道轮船有"刹车"吗？一般的轮船都装有"刹车"的设备和动力。例如，当轮船靠码头或运行途中发生紧急情况，急需要停止前进时，就可以抛锚，同时轮船的主机还可以利用开倒车来起"刹车"作用。

潜艇的尾部能像鱼的尾巴一样摇动吗？

天津市耀华小学孙德贵同学问：

潜艇在水中怎么改变方向啊？是不是尾部能像鱼一样摆动啊？

问题关注指数：★★★

鱼的尾部能灵活地扭动，改变运动的方向。潜艇的尾部并不能像鱼尾一样摆动，因为潜艇的尾部既要能控制和改变运动的方向，又要保证潜艇尾部强度和主艇体结构的连续性和流线型，用于支持方向舵、艉升降舵、稳定翼和推进器等，并能保证它们正常工作。

潜艇尾部结构一般分为常规型尾部结构、尖尾结构和X形尖尾结构几种类型。

常规型尾部结构是在尾部左右两舷各布置一个螺旋桨，螺旋桨后面各布置一个升降舵，最后布置一个方向舵。现已很少采用。尖尾结构是在潜艇尾部装有呈十字形布置的水平稳定翼和垂直稳定翼，左右舷各布置一个水平稳定翼，上下方各有一个垂直稳定翼，每个稳定翼上各有一块舵板，螺旋桨装在尾部的最后端。尖尾结构是与水滴形潜艇相配的，现已广泛采用。X形尖尾结构是近期发展起的新型尾部结构，稳定翼呈X形布置，每个稳定翼上的舵板都各自兼有垂直舵和升降舵的功能，联合动作控制潜艇航向和潜浮，并分别由各自独立的动力控制，因而四个舵板同时发生卡舵事故的可能性几乎为零。

开心小辞典

世界上最大的潜艇

世界上最大的潜艇是俄罗斯海军的“台风”级弹道导弹核潜艇，它的水下排水量达2.9万吨。“台风”级核潜艇采用双艇体结构，即在耐压艇体之外还包有一层壳体。“台风”级潜艇，虽然尺寸大但却不影响下潜时的操作性能。

为什么潜艇可以沉入海中又可以浮上来？

广东省汕头市金珠小学吴伟岸同学问：

潜艇为什么既能在水下航行又能在水面航行？

问题关注指数：★★★

普通的船舰，只能在海面上航行。可是，潜艇却能像鱼儿一样，既可以在水面上航行，也能够沉到海洋深处，在水里潜伏前进。潜艇为什么能够沉下去、浮上来呢？

要明白这个道理，我们可以从鱼儿怎样潜水得到一些启示。鱼儿一会儿游到水面，一会儿潜入水里，它的肌肉在时收时张的同时，体内的鱼鳔也一起收缩或膨胀。鱼鳔收缩的时候，鳔里的气体被挤出来，鱼体会略略缩小，水对鱼的浮力也减小了，鱼儿就沉入水的深处；鱼鳔膨胀的时候，里面充满气体，鱼体略略扩大，水对鱼的浮力增大了，鱼儿也就向上浮起来。

潜艇也有鳔吗？是的。潜艇的“鳔”就是压舱柜，当压舱柜里注满海水，潜艇就像鱼收缩鱼鳔一样，沉入水下，如果向压舱柜中压入空气，将海水排出压舱柜，潜艇就像鱼鳔膨胀一样，浮力大增，就从水中上浮到水面。

中国最早的潜艇

中国最早的潜艇建于1880年，它的形状似橄榄，操纵自如，十分灵捷。可在水下使用水雷武器，能潜入水下将其放在敌人船底，攻击敌人舰船。

为什么雷达能发现飞机?

北京市第二实验小学孙虎同学问:

雷达的用途很广，即使是在黑夜里也能发现飞行的飞机，它是怎么做到的?

问题关注指数:★★★★

雷达是一种靠发射、接收无线电波来搜索目标的武器。

人类发明雷达是受了蝙蝠的启发。蝙蝠有种特殊的本领，一边飞一边发出人耳听不到的超声波，当超声波被前面的物体反射回来后，它就可以根据回波判断出前方是食物还是障碍物。与蝙蝠所不同的是，雷达发射的不是超声波，而是无线电波。

为什么不用超声波呢?这是因为超声波跑得太慢，每秒只有300多米，而无线电波每秒可以跑30万千米。这样，雷达发射的无线电波遇到空中的飞机时，机身会将一部分无线电波瞬间反射回来。这些反射回来的无线电波会在雷达显示屏上反映出来，雷达操纵员就可以判定是什么飞机了。由于无线电波不受白天黑夜的影响，所以即使是在漆黑的夜里，雷达也能发现飞行的飞机。

知识加油站

千里眼——雷达

雷达被称为“国防的千里眼”。其实，有的大型雷达可以探测到5000千米以外的导弹，简直就是“万里眼”了。雷达在军事上的应用十分广泛，除了地面的雷达站以外，火炮、飞机、军舰上也都装载有雷达。

水雷为什么被称为“水下伏兵”？

上海市求知小学吴若梅同学问：

水雷是一种非常古老的海战武器，为什么它被称为“水下伏兵”呢？

问题关注指数：★★★★

水雷是布设在水中的一种爆炸性武器，用于毁伤敌方舰船或阻碍其活动。水雷最早诞生于我们中国。明朝的时候，我国军民就用水雷狠狠打击了来犯的日本海盗。在第一次世界大战和第二次世界大战中，水雷炸沉了许多舰船，显示出了巨大的威力。

水雷构造简单，使用方便，通过舰船、飞机等都可以大量进行布设。一般是将水雷布设在自己的海域，用它来封锁海峡和水道，以加强对敌防御；也可以将水雷布设在敌方的海域，以封锁对方的基地、港口和水道，打击和限制对方舰艇的活动；还可以根据作战需要把水雷设在其他任何海域。水雷既可以单独使用，也可以同导弹、深水炸弹等配合使用。

当海上的敌人来犯的时候，水雷能像伏兵一样，静静地埋伏在水中，只有当敌人舰船通过的时候，才会出其不意地突然爆炸，将敌人歼灭。所以，人们就称它为“水下伏兵”。

探索飞船

水雷克星——扫雷舰

扫雷舰的舰身材料很特殊，不容易引起水雷爆炸。在扫雷舰上，装有专门的探测和扫雷工具，水雷一旦遇到了扫雷舰，就会原形毕露，乖乖地被扫除。由于扫雷舰一般总是冲在海上雷区的前头，为其他舰艇扫清前进的障碍，所以，人们把扫雷舰称为“海上工兵”。

声呐在水中可以听到声音吗？

辽宁省大连市中山路小学李美娇同学问：

在水下时，声呐是如何听到声音的？

问题关注指数：★★★

我们知道，雷达是搜寻空中和海面目标的利器，但是电磁波在水中衰减的速率非常高，所以雷达在水中变得“又聋又瞎”。那水下的敌情是不是无法发现了呢？别急，声呐可以替代雷达来完成这一艰巨的任务。声呐是利用水下声波实现水下信息传递对水下目标进行探测、定位的设备。

声波看上去很普通，但是在水里能很好地传播，当声波遇到水下目标后，就会像回声一样被反射回来。

安装在潜艇、水面舰艇以及直升机或固定翼飞机上的声呐接收到回波讯号，经过计算机处理和运算之后，就可以迅速进行定位，来判断与识别不同的目标。潜艇通常由若干种声呐组成统一的声呐体系。

声呐在军事上可用于对敌舰艇的搜索、跟踪、识别和定位，实现水下通信、导航；民用上可用于海底测绘、石油勘探等。

海豚的生物“声呐”

人类的好朋友海豚有着惊人的听觉。在水下，它可以用自己的“生物声呐”发现几百米外的鱼群，能遮住眼睛在插满竹竿的水池子中灵活迅速地穿行而不会碰到竹竿；海豚的“声呐”的“目标识别”能力很强，不但能识别不同的鱼类，还能区分开自己发声的回波和人们录下它的声音而重放的声波；海豚“声呐”的抗干扰能力也是惊人的，如果有噪声干扰，它会提高叫声的强度盖过噪声，以使自己的判断不受影响。

飞机为什么会飞？

广东省中山市竹源小学周立波同学问：

飞机那么大、那么沉，为什么能飞起来啊？

问题关注指数：★★★★

鸟儿扇动翅膀，可以在空中飞翔；飞机虽然也有“翅膀”，但不会扇动。那么飞机为什么会飞呢？飞机要实现飞行，首先依靠机翼的升力。那么升力是怎样产生的呢？我们做一个实验。双手各拿一张纸板，并以较近的距离平行垂下。从上端向两纸板中间吹一口气，两个纸板就会靠近，甚至合到一起。这是由于纸中间气流速度大，压强低；纸外侧空气静止、压强较大，从而产生向内的压力使它们靠近。这就是人们熟知的伯努利原理：水与空气等流体，流速大的地方，压强小；流速小的地方，压强大。

飞机的“翅膀”很特别，它的上表面比较凸出，流管较细，说明流速加快，压力降低。它的下表面，气流受阻挡作用，流管变粗，流速减慢，压力增大。这样，当空气分别沿飞机的“翅膀”上、下表面流过时，就产生了一个压力差，也就是向上的升力。飞机在跑道上滑行的速度由慢到快，飞机“翅膀”产生的升力也会由小变大，最后，越来越大的升力就会托起飞机，使它飞上天空。

飞机的诞生

人类自古以来就梦想着能像鸟儿一样在太空中飞翔。而两千多年前中国人发明的风筝，虽然不能把人带上天空，但它确实可以称为飞机的鼻祖。

1903年12月17日被公认为是飞机的诞生日。这一天，美国人莱特兄弟发明的飞机成功地进行了飞行，虽然飞行距离只有短短的几十米，但是这是人类向天空迈出的一大步。

为什么大飞机怕小飞鸟？

贵州省遵义市玉溪小学贺芙蓉同学问：

听说飞行中的大飞机要是被小鸟撞上，有时也会发生空难，真的吗？

问题关注指数：★★★★

在一般人看来，“血肉之躯”的小小飞鸟与金属制作的大飞机在天空相撞，应犹如以卵击石——卵破碎而石头无恙。然而往往并非如此，事实上飞机真的怕小鸟。小鸟和飞机在空中高速碰撞时，一只小鸟相当于一发炮弹。轻则让飞机不能正常飞行，被迫紧急降落；重则机毁人亡，酿成重大灾难。

鸟撞击对飞行器的破坏与撞击的位置有着密切的关系，导致严重破坏的撞击多集中在导航系统和动力系统两方面。飞行器的导航系统大多位于前部，包括机载雷达、电子导航设备、通信设备等，此外，驾驶员面前的风挡玻璃对于引导飞机的起降也起到非常重要的作用；对于螺旋桨飞机，鸟击会导致桨叶变形乃至折断，使得飞机动力下降；对于喷气式飞机，飞鸟常常会被吸入进气口，使涡轮发动机的扇叶变形，或者卡住发动机，导致发动机停机乃至起火。

如何避免飞机与飞鸟相撞？尽管航空界人士绞尽脑汁，但始终没法解决这个“世界性难题”。目前，使用的办法有语音驱鸟、煤气炮吓鸟、敲锣赶鸟、设网拦鸟，等等，但这些都不能从根本上解决问题。

探索飞船

鸟撞击为什么有那么大的破坏力？

鸟撞击的巨大破坏力主要来自飞行器的速度而非鸟类本身的质量。一些战斗机的飞行速度可以达到数倍于音速，根据动量定理，一只0.45千克的鸟与时速80千米的飞机相撞，会产生1500牛顿的力，与时速960千米的飞机相撞，会产生21.6万牛顿的力，高速运动使得小小的飞鸟变成了破坏力惊人的“炮弹”。

美国“空军一号”是什么飞机？

北京市翠微小学王丁一同学问：

看电影时，经常看到美国的总统乘“空军一号”进行国事访问，请问，“空军一号”跟普通的客机有什么不同？

问题关注指数：★★★

美国有两架飞机被称为“空军一号”，它们都是新型波音747－200B型客机。美军规定：如果总统不在飞机上，那么这架座机就叫它的代号；总统一旦登上座机，那么飞机就称为“空军一号”。

“空军一号”飞机从20世纪40年代到20世纪90年代几经变化，从肯尼迪到老布什都使用波音707客机改装成的“空军一号”总统座机。克林顿上台以后，“空军一号”换成了波音747飞机改装的座机。美国总统的“空军一号”新座机的机身很大，它的机翼展开有64米多，几乎与足球场的宽度一样，它的机长为70多米，机高为19米多。它的速度很快，可达每小时900千米。它可以在空中进行加油，还安装了最先进的通信设备，机内设有医院，还有一间浴室。“空军一号”指挥控制设备更是应有尽有。为了与白宫的总统办公室相一致，“空军一号”里的总统办公室也设计成椭圆形。

世界上主要的客机

欧洲多个国家一起造的“空中客车”A380，拥有550多人的载客能力。美国波音公司于2011年推出747-8型洲际客机，最多可容605人。除大型客机外，常见的还有中型喷气客机以及被称为“空中面包车”的小型客机。

飞机上的“黑匣子”有什么用？

云南省丽江市实验小学诸葛云飞同学问：

飞机上的“黑匣子”是黑色的吗？到底有什么用啊？

问题关注指数：★★★★

空难事故发生后，飞机往往解体，甚至被烈火烧毁。人们到现场救援的时候，总是会寻找一个东西，它就是被誉为“空难见证人”的黑匣子。黑匣子的学名叫“飞行记录仪”，能记录飞机失事前的飞行数据和发动机等工作参数，有利于找出飞机发生事故的原因，改进飞机，避免类似事故发生。早期的黑匣子是用耐高温金属制成的圆盒子或方盒子，表面涂上黑色防火漆，因而被称作“黑匣子”。现代飞机黑匣子为了方便寻找，表面往往涂上十分鲜艳的橘黄色或红黄色。黑匣子里，装上磁记录设备，它可以实时地把飞行员说的话、飞行员机外通信及飞行数据记录下来。一般在飞机出事前30分钟的各种信息，它都可以保留下来。这样，就为事后分析故障提供了方便。

飞机发生严重坠毁事故时，保证黑匣子完好无损是十分重要的。为此人们研究探索了各种在极其恶劣的条件下保证黑匣子不被损坏的办法。通常黑匣子都装在受撞击力较小的垂直尾翼底部，并装有紧急定位发射机，能连续30天自动发射一种特定频率的无线电信号，以方便调查人员利用接收机跟踪信号，方便地搜寻到它。

开心小辞典

炉温跟踪仪

测试各种工业炉内温度的炉温跟踪仪也叫“黑匣子”，比如钢铁厂轧钢加热炉、热处理炉、钎焊炉、涂装线、回流焊等过程的温度曲线测试，这种黑匣子可以在1300℃的温度下停留6小时，比飞机上的黑匣子的隔热性能还要好。

飞机真的可以自动驾驶吗？

北京市亦庄实验学校陶萱媛同学问：

我经常看到有关无人机的新闻报道，请问：飞机真的可以无人驾驶自动飞行吗？

问题关注指数：★★★

无人驾驶飞机简称无人机，是一种以无线电遥控或由自身程序控制为主的不载人飞机。机上无驾驶舱，但安装有自动驾驶仪、程序控制装置等设备。地面、舰艇上或母机遥控站人员通过雷达遥控等设备，对其进行跟踪、定位、遥控、遥测和数字传输。

与载人飞机相比，无人机具有体积小、造价低、使用方便、对作战环境要求低、战场生存能力较强等优点。无人驾驶飞机以其准确、高效和灵便的侦察、干扰、欺骗、搜索、校射及在非正规条件下作战等多种作战能力，越来越受到世界各国军队的青睐。

随着无人机技术的发展，无人机已实现了与战斗机的结合，构成了一种全新的武器系统——无人驾驶战斗机。无人驾驶战斗机正处于快速发展阶段，还不能完全替代通常的各种战机，普通的战机因为人的存在而能够完成更加复杂的任务。不过随着以智能控制技术为主的技术的发展，无人战机将会有能力完成更多不同种类的作战任务，在更大程度上替代普通战机来执行任务。

捕食者无人机

捕食者无人机是美军目前一种重要的监视侦察系统。该机已增加了使用精确制导武器攻击地面或空中目标的能力，用它取得不少战果。

为什么战斗机能在航空母舰上起降?

山东省青岛市江苏路小学徐国飞同学问:

战斗机执行完任务后，是如何在航空母舰上降落的?

问题关注指数: ★★★

能在航空母舰上起降的战斗机叫舰载战斗机。一般的战斗机的飞行速度很高，降落的时候需要很长的跑道，是不能在航空母舰上起降的。而舰载战斗机为什么能在航空母舰上降落呢?

舰载战斗机为了能在航空母舰上起飞和降落，不但要有比一般战斗机更优良的起降性能，还特意加装了着陆钩，机翼也改成了能折叠的。此外，还要有特殊的着舰的操作系统。为了能让舰载机起降，航空母舰安装了拦阻索和弹射器，有了这些设施，舰载机才能在航母上起降。

舰载战斗机在降落前，要先放下起落架和位于机身尾部的着陆钩。着舰时，用尾钩钩挂住横置于甲板上的拦阻索。在拦阻索拖拽下，舰载战斗机可以在很短的距离内停下来。

知识加油站

中国的第一代舰载机

歼15是我国研制的第一代舰载战斗机，它已经成功地在我国的第一艘航母“辽宁”号上起降。歼15不但飞行、起降性能优异，还可以执行制空、制海等多种作战任务，战斗力十分强大，是名副其实的海上“飞鲨”。

隐形战机真的看不见吗？

河南省开封市求实小学毛宇航同学问：

看军事节目时，经常听专家说，某某战机隐身功能强大，难道它真的看不到吗？

问题关注指数：★★★★

大自然中的许多动物和植物，为了保护自己经常采用隐身的办法。比如，蝴蝶翅膀上的花纹与花丛中的鲜花十分相像，蝴蝶飞落在花丛中，人们就很难发现它的存在。

普通飞机飞行时，遇到雷达波的探测，机身将雷达波反射回去，在雷达的荧光屏上会显示出一个亮点。雷达操作员能根据亮点的特征，测出飞机的类型、航向和速度。

而隐形飞机的外形很特殊，能最大限度地减弱雷达波的反射，同时机身具有吸收雷达波的神奇特性，再加上它采用的燃料也不一般，可以降低红外辐射。

另外，隐身轰炸机和隐身战斗机的所有武器都是隐藏在机身之内，机身的外部没有任何武器挂架，这样就可以有效地躲避雷达的探测。

还有，喷气式飞机在飞行中有时会产生白白的凝结尾迹，这会暴露飞行的航迹。隐身飞机绝不会出现凝结尾迹，因为它采用了燃料添加剂和尾部导流的办法，消除了凝结尾迹。

这样一来，雷达就失去了“千里眼”的功能，飞机也就隐形了。其实，“隐形”只不过是针对雷达的一种借喻，在人的视线内，肉眼还是能看见的。

歼20能隐身

我国研制的新一代战机歼20性能十分优异。它的机身形状和颜色与一般的战机有很大的不同，这些都是为它能够“隐身”而特意设计的。

为什么战斗机的“外衣”有各种颜色？

广西壮族自治区桂林市育才小学王国棋同学问：

战斗机的颜色一般都很单调，为什么有的穿亮丽的“外衣”呀？

问题关注指数：★★★

我国的战斗机大都穿着一身浅银灰色或蓝白色的“外衣”，这种颜色很容易与天空融为一体，人们用眼睛不容易发现它。但是，在遇到庆典的时候，各国的飞行表演队一般都要给战斗机穿上“彩色的礼服”，在观众面前一展风姿。

除了这些，战斗机还会根据作战地域和季节的变化而穿上不同的“迷彩服”。比如，在我国南方的夏季和秋季，战斗机的地面伪装色是一种绿色加上黄色的涂装，而在我国西北的沙漠地区，就应该以土黄色为主了。人们经过大量研究发现，在高空和海洋上空作战时，作战飞机应该穿上浅灰色的“外衣”，这种色彩最容易迷惑敌方飞行员。

上面我们谈到的是战斗机的背部的涂装，那么，战斗机的机翼下面和机身的腹部穿上什么颜色的“外衣”好呢？战斗机一般都是翱翔在蓝天上，所以战斗机的腹部涂上浅蓝色，人们只凭肉眼就很难把战斗机和蓝天区别开来。

看来，给战斗机穿上一件什么样的“外衣”，看似简单，细说起来还大有学问呢！

视觉错误和视觉分割

有人建议，在战斗机的背部再画上一架小型的战斗机图案，或者在战斗机的背部画上一个座舱，由于距离远，眼睛失去了立体感。飞行员和侦察机就很难准确判断，造成视觉错误。

还有人给战斗机“穿上”深色、大小不一、由不规则的几何图形组成的迷彩“外衣”。这些不规则的几何图形，会把视觉分割，使敌人误认为是别的飞行物，而不会把它当作一架战斗机。

飞行员在空战中如何分清敌友？

上海市徽宁路第三小学陈秋菊同学问：

空战时，战斗机的速度很快，飞行员是如何分清敌友的？

问题关注指数：★★★★

战斗机的飞行速度很快，在瞬息万变的空战中，飞行员要靠肉眼来分清敌友几乎是不可能的，很可能还没发现敌机，自己就已经被敌机打落了，弄不好还会发生自相残杀的悲剧。那么，空战中的飞行员是怎样做到准确分辨出敌友的呢？

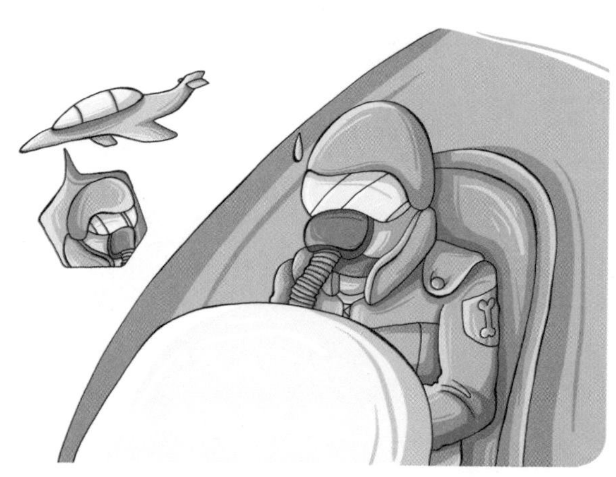

原来，在战斗机上装有一种名为“敌我识别器”的机载电子系统。敌我识别器由询问机和应答机组成。询问机是发射询问信号并接受己方飞机应答信号的设备；应答机则是接收询问信号并发射应答信号的设备。当发现目标时，敌我识别器可以像哨兵问口令那样不断地发出密码信号，问对方是不是自己人。如果对方自动应答，这就是己方飞机。如果对方是敌机，因为没有和己方一致的敌我识别器，就不会应答。据此，飞行员就可以判断目标是不是敌机了。

敌我识别器

不但飞行员在空中要用敌我识别器来识别敌友，地面的雷达站也同样是靠敌我识别器来分辨空中目标的。但使用敌我识别器也必须小心，特别是密码绝不能被敌方破译，否则敌方就有可能伪装己方标志，无法识别。为了防止敌我识别器落入敌手，战机上的敌我识别器都加装了自毁装置，一旦坠毁，就自动爆炸销毁。

宇航员为什么能在太空舱中飘浮？

重庆市人和街小学张宇阳同学问：

电视转播时，看到宇航员在太空舱里飘来飘去，这是怎么回事？

问题关注指数：★★★★

这是因为，当一切物体在进行航天飞行时，都会“失重”。首先应该指出的是，“失重”是指物体失去重量，而不是失去重力。重量是物体对其周围相接触的物体或介质所表现出来的作用力；重力则是地球（或其他天体）对物体的引力。重量与重力（引力）有联系，又有区别。重量消失（等于零），不等于重力或引力消失（等于零）。我们可以说，失重就是零重量。

很多人都以为，只要飞出大气层，地球的引力就会消失，事实上，地球引力在航天器飞行的高度上还相当强。宇航员的失重来自于航天器和空间站在轨道上运动产生的惯性离心力，这些作用于航天器和宇航员身上的惯性离心力恰好与地球的引力大小相等，且方向相反，因此它们都不会掉到地球上。航天器在与地球保持应有距离的轨道上以准确的设定速度运行，以便使地球的引力与航天器在轨道上运行所产生的惯性离心力相当。所以宇航员就能在太空中飘浮，在航天器内飞来飞去了。

失重实验

把两个金属螺母拴在一根橡皮筋的两端，再把橡皮筋的中点用一短绳固定在冰激凌纸盒（或铁罐）底部正中，让螺母挂在空盒的口边上。

实验时让空盒从约2米的高处自由下落，你会发现螺母被橡皮筋拉回盒中，并发出“咔嗒”的撞击声。为什么下落时，螺母会被拉入到盒内（失重现象）？

宇航员在太空中是怎样生活的？

四川省西昌市阳光实验小学杨航远同学问：

“神舟十号”飞船从发射到返回，经历了十几天，请问，宇航员在太空中是怎样生活的呀？

问题关注指数：★★★★

在太空中生活与在地球上生活有很多不同。比如在地球上吃饭十分简单，把食物放进嘴里就可以吃，可是在太空中，宇航员进食的时候，就得像婴儿吃奶一样，是用口吮吸的。太空食品并非一般蔬菜水果，而是特别加工过的“压缩砖”或“牙膏管”，对上一定比例的水后，能恢复原形。

在太空中洗漱更是有趣。刷牙不用牙刷和牙膏，而是嚼一种类似口香糖的胶质物，让牙齿上的污垢粘在胶质物上，以达到清洁口腔的目的。洗脸也不用清水和毛巾，只是用浸湿了的纸巾擦脸，并把这种湿纸巾贴在梳子上梳头，就算洗头了。

在太空上厕所，必须坐在特殊设计的马桶上。人浮在半空中，怎么坐上去呢？两脚先放进固定的脚套里，腰间用座带绑好，用手扶着手柄。

开心小辞典

“神舟六号”食谱

主食：香辣火腿糯米饭、什锦炒饭、咖喱炒饭、白米饭、鲍汁饭。

副食：烤牛肉、红烧鲍鱼、陈皮牛肉、叉烧肉、烤猪肉、酱鸭胸、熏火鸡腿、盐水大虾、酱牛肉、茄汁牛肉丸、烧四宝、香菇菜心、素什锦、酱瓜、肉脯、榨菜、奶油浓汤。

点心：各种口味月饼、饼干。

航天服为什么看起来怪怪的？

北京市北京师范大学附属小学孙明明同学问：

宇航员的航天服是用什么做的，怎么看起来那么奇怪啊？

问题关注指数：★★★★

躯干像盔甲，四肢像面包，再背上1.3米的大背包……谁要是在大街上穿上这么一身“行头”，一定会被当作“天外来客”。这就是中国的舱外航天服。看起来是不是很奇怪啊？

航天服是保障航天员在太空中工作、生活的重要装具。一般由压力服、头盔、手套和靴子等组成。早期的航天服只能供航天员在飞船座舱内使用，后研制出舱外用的航天服。现代新型的舱外航天服有液冷降温结构，可供航天员出舱活动或登月考察。

航天服能为宇航员提供充足的氧气，还能在特别冷或特别热的环境中保持适宜的温度，更神奇的是，它能抵御宇宙中各种有害的射线和许多有害物质的伤害，有的航天服甚至还装有供人饮食和排便的装置呢！

正是因为航天服工艺复杂，功能强大，所以它一般都显得比较笨重，看起来怪怪的。

我国的航天服

我国设计的舱内航天服呈乳白色，间有白色条纹，十分漂亮。由外至内分限制层、气密层和散温层三层，工艺复杂，航天员在太空中穿脱一次，需要10分钟。2003年，杨利伟穿着我国研制的航天服，飞上太空，圆了中华民族几千年来的飞天梦想。

火箭是怎么飞到太空的？

重庆市树人小学李自满同学问：

人造卫星上天离不开火箭的运送，火箭是怎样飞到太空的呢？

问题关注指数：★★★

火箭是靠燃料燃烧时，向后高速喷射强大气体的反冲作用而前进的。

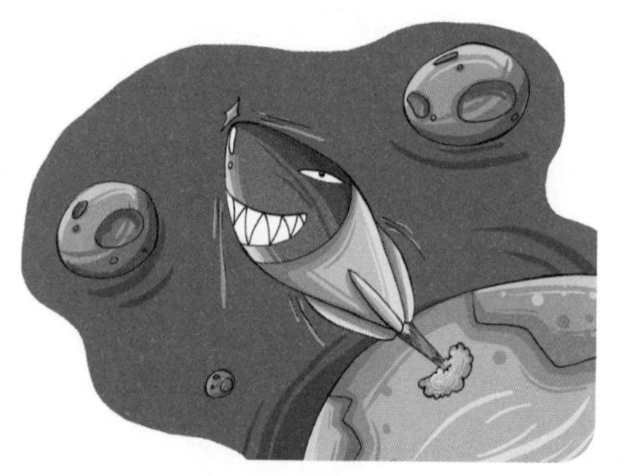

为什么火箭向后喷射气体，就能得到前进的动力呢？原理其实非常简单，就是作用力和反作用力。你用手拍桌子，手会痛；你把石子用力丢到路面上，石子会弹跳起来。这都说明，向任何物体施加一个作用力，这物体就会给你一个大小相等、方向相反的反作用力。

火箭要在太空中飞行，必须要达到每秒7.9千米的速度，这个速度也叫第一宇宙速度。要达到这么高的飞行速度，火箭需要携带大量的燃料，但是燃料越多火箭越重，提速越难，就需要再增加燃料，这样就进入了一个恶性循环的怪圈。

科学家们利用多级火箭的方案，巧妙地解决了这个问题。具体来说，就是当最末尾那级火箭燃料用完以后，它就会自动地脱落下来，接着第二级火箭立即发动；第二级火箭燃料用完后也自动地掉下来，接着第三级火箭发动起来……火箭在飞行中随着燃料的消耗，减轻了在继续飞行途中的重量，也可以大大提高飞行速度。这样，当火箭的最终速度达到每秒7.9千米以上的时候，就能飞入太空了。

中国古代的火箭

火箭是中国古代的重大发明之一。它由箭头、箭杆、箭羽和火药筒组成。火药点燃以后，大量的气体从药筒中喷出，产生的推力推动箭杆向前飞行。

火箭为什么要垂直发射？

重庆市谢家湾小学赵颖慧同学问：

火箭发射时，都是直直地竖立在发射架上发射，这是为什么？

问题关注指数：★★★

火箭垂直发射主要原因有这样几点：

一是运载火箭的体型庞大，如果倾斜发射就得有一条比箭体更长的滑行轨道。这种滑轨不仅相当笨重、稳定性差，也势必影响火箭的命中精度。同时，由于火箭处于倾斜状态，点火启动时尾部会喷射出高温高速高压燃气流，因此还需要有一个相当长的安全区。

二是火箭的飞行绝大部分时间是在大气层以外的空间。垂直发射有利于迅速穿过大气层，减少因空气阻力而造成的飞行速度损失。

三是采用垂直发射，可以简化发射设备，发射台可以设计得很紧凑，并且能够很方便地使竖立在发射台上的火箭在360° 范围内移动，从而满足改变射向的需要，并保证火箭系统的稳定性和隐蔽性。

四是大型运载火箭所用的推进剂一般都是液体的，因此，垂直状态发射便于推进剂的精确加注或泄出。

五是现在大部分运载火箭采用的控制系统，要求火箭在发射前精确地确定它的初始位置，这样才能保证有效载荷准确地进入地球轨道。

单级火箭

火箭根据级数的多少可分为单级火箭和多级火箭。单级火箭是只有一级的火箭。使用单级火箭难以达到环绕地球运行的第一宇宙速度，但是随着材料技术和推进技术的不断成熟和进步，用单级火箭发射航天器已有可能。

航天飞机是怎样飞入太空的？

河南省开封市求实小学刘丹瑞同学问：

航天飞机和普通的飞机有什么不同，它是怎样飞入太空的？

问题关注指数：★★★

航天飞机是一种可重复使用的由运载火箭发射的飞行器，用于进入地球轨道，在地球与轨道航天器之间运送人员和物资，并能降落回地面。第一架航天飞机于1981年4月12日发射升空。

航天飞机主要由三部分组成：带机翼的轨道器，用于运载航天员和物资；外部推进剂箱，用于携带供主发动机使用的液氢和液氧燃料；一对大型固体推进剂捆绑式助推火箭。

发射时，助推器和轨道器主发动机同时点火，起飞后约两分钟，助推火箭被抛弃并用降落伞降落，回收后再次使用。轨道器将外部推进剂箱中的推进剂消耗完时，已获得99%的轨道高度，于是就将空的推进剂箱抛弃。虽然航天飞机像常规载人航天器一样垂直发射，但不同的是，它能像普通飞机一样滑翔降落在跑道上，返回地面。

航天飞机可将卫星和探测器装入它的货舱带到太空去施放，也可由航天员在太空中回收或修理轨道上出了问题的卫星。航天飞机还可用作太空实验室，携带专门的研究设备进行各种科学试验。尽管航天飞机优点很多，但高昂的维修费和多发的事故造成的损失远大于宇宙飞船，所以，目前已经没有现役的航天飞机了。

“神舟”系列飞船

“神舟”系列飞船是我国自行研制、达到或优于国际第三代载人飞船技术的飞船。与国外第三代飞船相比，“神舟”系列飞船具有起点高、具备留轨利用能力等特点。1999年，我国首次发射“神舟一号”飞船，到2013年6月“神舟十号”飞船发射，已先后发射了10次“神舟”系列飞船。

飞船为什么能飞上天并且还能飞回来？

北京市中国人民大学附属小学杨墨涵同学问：

我国成功发射了“神舟十号”宇宙飞船，请问，它为什么能够飞到太空并且还能飞回来？

问题关注指数：★★★★★

我国的“神舟”系列飞船是由我国的运载火箭发射升空的。飞船发射前，会被安装在运载火箭的前端。一切准备就绪后，随着地面指挥人员发出倒计时口令“……5，4，3，2，1，发射”，运载火箭点火升空，将“神舟”飞船运送到入轨点时即实施飞船与火箭的分离。至此，运载火箭就完成了其历史使命，将飞船送入了太空。

飞船返回地面时，首先需降低飞行速度，飞船上的控制分系统将先调整飞船的姿态，然后打开反推发动机，使飞船减速；在经过一段下降的自由飞行后，飞船再入大气层，在大气的阻力作用下，飞船的速度急速下降，再通过控制系统调整飞船飞行的轨迹，确保最后返回到预定区域；飞船下降到一定的高度时打开降落伞，在降落伞的牵引下安全返回地面。

开心小辞典

三个宇宙速度

第一宇宙速度是7.9千米/秒，物体如果达到这个速度，它就会永远地在太空中绕地球运行而不会从天上掉下来，我们也称之为环绕速度；第二宇宙速度是11.2千米/秒，物体如果达到这个速度，将会挣脱地球引力的束缚飞向星际空间，我们也称之为脱离速度；第三宇宙速度是16.7千米/秒，若是要到太阳系外去旅行那就要达到这个速度。

人造卫星为什么会沿轨道飞行，而且不会坠落？

福建省厦门市人民小学徐子归同学问：

人造卫星可以沿着轨道在空中飞行，它是怎么做到这一点的？

问题关注指数：★★★★

我们向空中抛扔物体，物体都会很快落到地面，这就是地球引力的作用。所以，我们跳离地面，也会很快落下来。

可是人造地球卫星被发射到空中之后却不会掉下来，这是为什么呢？

原来，当物体作圆周运动时就会产生惯性离心力，惯性离心力的大小与物体运动速度的平方成正比。因此速度越快，惯性离心力就越强，当惯性离心力与地心引力平衡时，物体就可以环绕地球不停地运转。人造卫星的飞行速度必须达到能平衡地心引力的地步，也就是达到了第一宇宙速度就可以摆脱地球引力。当卫星进入太空后，由于空气十分稀薄，阻力很小，它会因为惯性保持这一速度，所以卫星就可以不停地围绕地球飞行而不掉落下来。

如果卫星绕地球飞行的时候，它的速度与地球自转一样快，我们从地面来看，卫星是不动的，这种卫星轨道称作地球同步轨道。如果卫星轨道面变化与地球公转一样快，那么卫星轨道面与太阳之间的夹角大致不变，这种卫星轨道称作太阳同步轨道。

“东方红1号”人造卫星

1970年4月24日21时35分，我国第一颗人造卫星“东方红1号”发射升空，21时48分进入预定轨道，《东方红》的乐曲响彻太空。“东方红1号”的成功发射标志着我国进入了太空时代。

人造卫星是怎样分类的？

天津市藏山庄中心小学薛明国同学问：

我听说人造卫星有气象卫星和通信卫星的区别，请问人造卫星是怎么分类的呀？

问题关注指数：★★★★

人造卫星按运行轨道区分为低轨道卫星、中轨道卫星、高轨道卫星、地球同步轨道卫星、地球静止轨道卫星、太阳同步轨道卫星、大椭圆轨道卫星和极轨道卫星。

人造卫星按用途可划分为科学卫星、技术试验卫星和应用卫星三个大类。

科学卫星是用于科学探测和研究的卫星。

技术试验卫星是进行新技术试验或为应用卫星进行试验的卫星。航天技术中有很多新原理、新材料、新仪器，其能否使用，必须在天上进行试验；一种新卫星的性能如何，也只有把它发射到天上去实际“锻炼”，试验成功后才能应用；人上天之前必须先进行动物试验……这些都是技术试验卫星的使命。

应用卫星是直接为人类服务的卫星，它的种类包括：通信卫星、气象卫星、侦察卫星、导航卫星、测地卫星、地球资源卫星、截击卫星和多用途卫星等。

联想快车

卫星家族的新成员——迷你卫星

迷你卫星是卫星家族里的新成员。它和其他卫星最大的不同是个头十分小，重量只有几千克、十几千克。迷你卫星虽小，但功能十分齐全，可以完成多种任务，从民用到军事，可以承担的任务越来越多。迷你卫星体积小，成本低，一枚运载火箭可以搭载多颗，性价比十分有优势。

人造卫星“死亡”之后怎样处理？

北京市北京大学附属小学赵子明同学问：

太空中的人造卫星如果不能用了，“死亡”了，会怎么处理？

问题关注指数：★★★

人造卫星也是会“死亡”的。当一颗人造卫星在太空中完成服役年限或出现致命故障时，这颗人造卫星就“死亡”了，成为一个太空垃圾。人造卫星“死亡”之后，仍在太空，对航天器的安全造成威胁，因此怎样处理是一个大问题。现在科学家们提出了几种处理方案：

方案一：进入“墓地轨道区域”自行毁灭。如果任务控制人员及时发现人造卫星出现了故障，他们将启动该人造卫星的动力装置，让它到达飞行轨道以外的“墓地轨道区域”，这样能够避免周围的航天器受到损害。

方案二：直接用导弹摧毁“死亡”的卫星。

方案三：由航天飞机载宇航员在太空维修或送回地面进行修理。

方案四：对“死亡”卫星进行“火葬”。当人造卫星出现致命性故障后，使它燃烧销毁。

太空垃圾

太空垃圾是指那些存在于太空中的无用的人造物体，包括运载火箭和航天器在发射过程中产生的碎片与报废的卫星。这些太空垃圾在太空中如果与正在运行的航天器相撞，就会使它们损坏，造成严重的后果。

全球卫星定位系统有什么用？

山东省德州市沙王小学赵黎明同学问：

汽车上的GPS导航可以给我们带路，请问，全球卫星定位系统还有什么用？

问题关注指数：★★★★

全球卫星定位系统又被称作GPS导航系统，是美国第二代卫星导航系统，使用者只需拥有GPS终端机即可使用该服务，无需另外付费。它是由天上的卫星不断向地面发回表示位置和时间的信号，用户则通过GPS接收机使用这个系统。它可以为世界上任何一个地方的飞机、轮船导航，可以为出租车司机确定方位。如果在茫茫的大海上，船舶发生碰撞等海难事故，它可以迅速地确定船只的位置，能够使人们及时前往救援。总之，全球卫星定位系统可以为每个GPS导航系统的用户提供准确的位置、速度和时间信息。

我国的“北斗”导航卫星系统也发展很快，等组网成功，将成为与GPS并驾齐驱的“卫星导航系统”。“北斗”导航卫星系统军民兼用，到时，我们将拥有自己的系统，中国国防将从根本上摆脱受制于人的窘况。

知识加油站

用手机也可以卫星定位导航

我们来到一个不熟悉的城市，找不到路的时候，就可以用数字手机来定位、导航。我们打开手机上的导航软件，通过卫星定位，很快就能知道自己所处的地段、街道，再把要去的地方输进去，很快就会得到要去的路线。

最早的坦克是什么样的？

北京市北京小学刘洪亮同学问：

坦克被称为陆战之王，请问，最早的坦克是什么样的？

问题关注指数：★★★

1914年，第一次世界大战爆发，英国军队在战争中伤亡惨重。为突破敌方的防御阵地，迫切需要研制一种火力、机动、防护三者有机结合的新式武器。1916年，一种新型的战车在英军中诞生了。它的外廓呈菱形，车体两侧履带架上有突出的炮座，两条履带从顶上绕过车体，车后伸出一对转向轮，共有8名士兵操作，总重约26吨，最大速度每小时超过6千米，配备了2门可以转动的火炮和6挺机枪，可以轻松地爬越战壕、铁丝网等地面障碍。

起初，英军为了保密，在坦克的外面用英文写着“水箱”，还告诉制造坦克的工人们说，这是为沙漠作战制造移动式“水箱”，以防德军间谍获取坦克方面的情报。后来，中文直接将英文“tank”音译为“坦克”，这种攻防兼备的“钢铁怪兽”就有了今天的名称。

开心小辞典

“怪兽”喷火击退德军

1916年夏，英军在法国索姆河的战斗中，第一次使用坦克。战斗打响后，英军的18辆坦克慢腾腾地向德军阵地驶去。德军士兵见到这些怪物，拼命朝它们射击，可是这些怪物刀枪不入，一边向外喷着火一边隆隆朝前压来。德军士兵惊恐万状，纷纷逃离战壕，这些钢铁怪物轻而易举地进入德军阵地的纵深。

为什么催泪弹能使人流眼泪？

江苏省徐州市民主路小学胡翠玉同学问：

催泪弹是不是能使人流眼泪啊？为什么呢？

问题关注指数：★★★

催泪弹又叫催泪瓦斯，被世界各国警察使用，广泛用来驱散聚集人群，也可被用作武器。

催泪弹为什么能使人流泪、睁不开眼睛呢？这是因为催泪弹中装有镁铝和硝酸钠、硝酸钡等物质。催泪弹引爆后，镁在空气中迅速燃烧，放出耀眼白光，使人睁不开眼睛，同时催泪弹中还装有易挥发的液臭，它能刺激人的敏感部位——眼鼻等器官黏膜，使人不断流泪、难以睁开眼睛，还有引致呕吐的副作用。遇到催泪瓦斯赶快躲避到通风良好的地方，症状很快就会消除了。

其实，我们在日常的生活中，能接触到很多类似的“催泪弹”，比如能使人流泪、流鼻涕、打喷嚏的辣椒粉和胡椒粉。

开心小辞典

天然“催泪弹”

据说，哥伦布发现新大陆后，欧洲殖民者就蜂拥至南美洲，奴役、杀害那里的印第安人。一次，侵略者追杀到丛林后，印第安人突然全部失踪了。这时，突然从树丛里飞出一个个瓜形“炮弹”，“炮弹”炸开处黑烟滚滚，殖民者被呛得睁不开眼睛、喘不上气、抱脑袋，狼狈不堪。正要逃窜时，印第安人冲出来围歼了敌人。原来，这些瓜形“炮弹”是森林里的一种植物马勃，马勃成熟干燥后，只要用手指轻轻一弹，就会冒出一股浓浓的黑烟，呛得人涕泪直流。这些黑烟是马勃的粉状孢子，有很强的刺激性，是天然的“催泪弹”。

无声手枪为什么会"无声"？

江苏省扬州市艺蕾小学王孙杨同学问：

在电影里，经常看到特工执行秘密任务时，会使用无声手枪。请问，无声手枪为什么会"无声"？

问题关注指数：★★★

无声手枪并不是完全没有声音，只是射击时发出的声音很小，所以，无声手枪准确地说应该是微声手枪。由于这种手枪加装了消声装置，射击时发出的声音很小，所以俗称无声手枪。

无声手枪最大的奥秘在它的枪管上。它的枪管外面有一个附加的套筒，叫消声套筒。尽管不同种类的无声手枪的消声套筒结构并不相同，但消声的作用是一样的。最常见的是在消声套筒前半部装上卷紧的消声丝网。当子弹射出后，枪口喷出的高压气体进入消声丝网，大部分能量被消声丝网吸收消耗，所剩气体喷出套筒时，压力和速度都很低，发出的声音就很微弱了。

另外，无声手枪的子弹采用速燃火药，减少了排气时的噪声；还有，无声手枪一般采用的是非自动射击为主的射击方式，以减少撞击声。

正是因为采取了这些消声手段，无声手枪射击时发出的声音才会很小。

"沉默的杀手"——PSS无声手枪

苏联有一种非常独特的无声手枪，不用安装消声器，并且能自动装弹，它就是PSS 无声手枪。

PSS无声手枪的设计非常简单，主要由套筒座、枪机、弹匣和握把等部分组成，采用枪管后坐式自动方式。由于独特的弹药，射击时没有任何明显的闪光和烟雾，发射时的声音很小，被人们称为"沉默的杀手"。

导弹为什么能准确击中目标？

北京市西单小学关军强同学问：

导弹没长眼睛，为什么能准确击中目标?

问题关注指数：★★★★

导弹虽然没长眼睛，但却有自己特殊的“眼睛”——制导系统。靠着这种神奇的“眼睛”，导弹才能准确地追踪目标，成为百发百中、令敌人胆寒的“撒手锏”。

导弹的“眼睛”——制导系统主要作用是测量目标的位置，确定导弹的飞行轨迹，控制导弹的飞行轨迹和飞行姿态，保证弹头准确命中目标。导弹家族成员众多，它们的“眼睛”——制导系统也多种多样，一般有四种方式：

①自主式制导。制导系统装于导弹上，制导过程中不需要导弹以外的设备配合，也不需要来自目标的直接信息，就能控制导弹飞向目标。②寻的制导。由弹上的导引头感受目标的辐射或反射能量，自动形成制导指令，控制导弹飞向目标。③遥控制导。由弹外的制导站测量，向导弹发出制导指令，由弹上执行装置操纵导弹飞向目标。④复合制导。在导弹飞行的初始段、中间段和末段，同时或先后采用两种以上制导方式。

有了这些“千里眼”，导弹就能准确发现并锁定目标，对目标进行精确打击了。

洲际弹道导弹

洲际弹道导弹，通常是指射程大于8000公里的远程弹道式导弹。它是战略核力量的重要组成部分，主要用于攻击敌国的重要军事、政治和经济目标。洲际弹道导弹具有比中程弹道导弹、短程弹道导弹和战区弹道导弹更长的射程和更快的速度。

为什么要禁止使用化学武器？

北京市府学小学胡丽华同学问：

武器就是用来攻击敌人的，为什么化学武器要被禁止使用呢？

问题关注指数：★★★★

化学武器是一种利用化学毒剂杀伤敌方人员、牲畜和破坏植物生长，杀伤力巨大的武器。

化学武器应用到战争中最早出现在第一次世界大战时期，当时的德国最早使用了化学武器，给交战国的军民造成了极为惨重的伤亡。但化学武器存在杀伤力巨大、残忍、不分军人和平民等的诸多为人类社会难以接受的缺点，使得自第一次世界大战结束起始，世界各国便展开了禁止使用化学武器的行动。化学武器不能为国际社会接受，除了上述主要原因以外，还因为化学武器的杀伤持续时间长，不会在毒剂施放后立即停止。还有化学武器在制造、储存、运输以及使用方面，不论在技术要求还是成本上，都远低于核武器甚至一些常规武器，但造成的危害并不低。如果被一些恐怖组织掌握，有可能被用作进行政治讹诈的工具，导致特别严重的后果。

1993年，国际社会缔结了《禁止化学武器公约》，全面禁止使用化学武器迈出了实质性一步。

防化兵

防化兵又称化学兵，是军队中专门执行防生化武器作战任务的兵种。主要对核武器、化学武器和生物武器进行防护。

核武器的威力有多大？

江苏省徐州市民主路小学胡翠玉同学问：

我听说，核武器是目前世界上威力最大的武器，请问它的威力到底有多大？

问题关注指数：★★★★

核武器又称原子武器，它的家族成员有原子弹、氢弹和中子弹等。核武器爆炸时，会释放出相当于几十万吨、上百万吨甚至上千万吨梯恩梯炸药爆炸威力的巨大能量，会对爆炸范围内的人员和物品造成极大的杀伤。它的杀伤力，表现在以下方面：

①光辐射。核爆炸时，从温度高达数百万、几千万摄氏度的火球辐射出来的光和热，可造成人员重大伤亡，光辐射还能使物品燃烧，引起火灾。

②冲击波。爆炸瞬间形成的高压气浪，以超音速向四周传播，可直接杀伤人员和物品，破坏工事、建筑物和武器装备。

③早期核辐射。核爆炸一开始前十几秒内放出的γ射线和中子流，有很强的穿透能力，引起人员、牲畜的放射病。

④核电磁脉冲。核爆炸瞬间会在爆心周围形成很强的瞬时电磁场，干扰或破坏无防护的电子设备。

⑤放射性沾染。核爆炸产生的放射性沉降物质对地面、水、空气、食品、人体、武器装备等造成的污染，称为放射性沾染。放射性物质可使暴露的人员患上放射病。

由于核武器是毁灭性的大规模杀伤性武器，所以，防止核战争是全世界人民的一致愿望。

中子弹

中子弹是在氢弹基础上发展起来的核武器，它的爆炸杀伤力不是很强，但能释放出强烈的核辐射，杀伤躲在装甲车辆或工事里的人员。